A Student's Guide to Maxwell's Eguations

전기와 자기, 전자파와 빛의 비밀을 파헤치는

맥스웰방정식 완벽해부

Daniel Fleisch 지음

유태훈 옮김

A Student's Guide to

Daniel Fleisch 지음
유태훈 옮김

Maxwell's

전기와 자기, 전자파와 빛의 비밀을 파헤치는

맥스웰방정식 완벽해부

Equations

도서출판
학산미디어

전기와 자기, 전자파와 빛의 비밀을 파헤치는

맥스웰방정식 완벽해부

발 행 일	2016년 1월 15일
저 자	Daniel Fleisch
역 자	유태훈
발 행 인	문정임
발 행 처	학산미디어
기 획	이덕선
편 집	(주)우일미디어디지텍
주 소	서울특별시 노원구 동일로245가길 41
전 화	02-935-0670 / 010-3223-7340
팩 스	02-932-0670
이 메 일	sorgento2000@hanmail.net
등록번호	제 25100-2011-000001호

ISBN 979-11-85294-11-7 92400

정가 16,000원

「이 도서의 국립중앙도서관 출판예정도서목록(CIP)은 서지정보유통지원시스템 홈페이지(http://seoji.nl.go.kr)와 국가자료공동목록시스템(http://www.nl.go.kr/kolisnet)에서 이용하실 수 있습니다.(CIP제어번호: CIP2016000605)」

A Student's Guide to Maxwell's Equations

전기와 자기, 전자파와 빛의 비밀을 파헤치는

맥스웰방정식 완벽해부

이 책의 특징

맥스웰 방정식은 과학에서 가장 큰 영향력을 가진 네 개의 방정식인 「전기장용 가우스 법칙」, 「자기장용 가우스 법칙」, 「패러데이 법칙」, 「암페어-맥스웰 법칙」을 맥스웰이 한데 모아 완성한 체계이다. 이 책은 모두 다섯 개의 장으로 이루어져 있다. 1장에서 4장까지는 방정식 하나에 한 장 전체를 할애하여 해당 방정식의 미분형과 적분형에 들어있는 여러 기호와 갖가지 연산의 물리적 의미를 딱딱하지 않은 방식으로 알기 쉽게 자세히 설명하고 있다. 마지막 5장에는 이들 방정식을 서로 결합하여 빛이 전자기적인 파동임을 입증하는 토대가 된 「파동 방정식」을 유도하는 과정을 설명하고 있다. 이 책은 대학(학부)과 대학원 과정에서 전자기학 과목의 교재로 사용하기에 적합한 훌륭한 교재이다. 이 책의 원저자가 직접 운영하는 웹사이트(www.cambridge.org/9780521877619)에서 책에 수록되어있는 모든 연습문제의 해답을 찾아볼 수 있다. 연습문제 해답은 상호작용을 할 수 있게 대화방식으로 제공되고 있어서 한 문제의 해답 전체를 곧바로 볼 수도 있고 아니면 여러 개의 힌트를 하나씩 차례차례 받아 보면서 최종 답에 도달할 수도 있다. 또한 이 웹사이트에서는 오디오 팟캐스트(audio podcast) 메뉴를 통해, 이 책으로 공부하는 학생들에게 녹음된 음성으로 각 장에서 다루는 중요한 내용을 짚어주고 핵심 개념을 설명하는 서비스를 제공하고 있다.

지은이 소개 : 플라이시(Daniel Fleisch)

미국 오하이오주에 있는 위튼버그 대학(Wittenberg University)의 물리학과 부교수로 재직하고 있다. 주요 연구 분야는 레이다 단면적 측정(radar cross-section measurement), 레이다 시스템 해석(radar system analysis), 지표면 투과 레이다(ground-penetrating radar) 등이다. 현재 미국물리학회(American Physical Society, APS), 미국 물리교사연합(American Association of Physics Teachers, AAPT), 미국전기전자공학회(Institute of Electrical and Electronics Engineers, IEEE)의 회원으로 있다.

옮긴이 소개 : 유태훈 thyoo@dongyang.ac.kr

연세대학교에서 학사, 석사, 박사학위를 받았다. 삼성전자 정보통신 연구소의 연구원을 거쳐 현재 동양미래대학교 정보통신공학과 교수로 재직하고 있다. 2003~2004년 미국 시라큐스 대학(Syracuse University)에서 객원연구원(visiting scholar)으로 활동했다. 주요 연구 분야는 전자기 해석, 초고주파 시스템 해석과 설계, 안테나 해석과 설계, EMI/EMC 등이다. 지금까지 「EMC를 고려한 PCB 설계 기술(M. I. Montrose)」(진한엠엔비, 2006), 「공학도를 위한 매트랩(H. Moore)」(생능출판사, 2014)」, 「전자기학(C.R. Paul)」(생능출판사, 2010), 「EMC 공학(H. W. Ott)」(학산미디어, 2014 학술원 우수학술도서 선정), 「전자기학(Arlon T. Adams, Jay Kyoon Lee)」(한빛아카데미, 2013), 「최신 안테나 공학(Y. Huang, K. Boyle)」(한빛아카데미, 2014)을 비롯하여 다수의 전자기학, 안테나 공학, EMC 공학, 회로 이론, 매트랩 원서를 우리말로 옮겼다.

머리말

이 책을 쓴 목적은 단 하나로, 과학 전체 분야에서 가장 영향력이 큰 방정식 네 개로 이루어진 맥스웰 방정식을 이해하는 데 도움을 주기 위함입니다. 맥스웰 방정식의 영향력을 보여주는 증거는 우리 주변 곳곳에서 쉽게 찾아볼 수 있습니다. 오늘날 우리가 사용하고 있는 라디오, 텔레비전, 레이다, 무선 인터넷 접속, 블루투스 기술은 맥스웰 방정식의 전자기장 이론에 바탕을 두고 있습니다. 몇 년 전에 세계적 물리학 잡지인 「'피직스 월드(Physics World)」에서 독자들을 대상으로 "역사상 가장 중요한 방정식"을 주제로 투표를 실시한 결과 맥스웰 방정식이 1위를 차지한 사실은 그리 놀랄 일도 아닙니다.

이 책은 다른 전자기학 책들과 어떤 점이 다를까요?

가장 큰 차이점으로, 이 책은 오로지 맥스웰 방정식에만 초점을 맞추고 있다는 사실을 들 수 있습니다. 이 말은 핵심 개념에 도달하기까지 수백 쪽에 길쳐 설명되어 있는 관련 주제들을 읽는 데 많은 시간을 들여야 하는 과정을 밟지 않아도 된다는 뜻입니다. 이렇게 해서 남은 지면을 활용하여 전하가 생성하는 전기장과 유도 전기장의 차이, 발산(divergence)과 회전(curl)의 물리적 의미, 각 방정식의 적분형과 미분형의 유용성처럼 핵심 개념과 깊은 관련성이 있는 주제들을 상세히 설명하고 있습니다.

또한 이 책은 다른 전자기학 책과 구별되는 독특한 구성과 설명 방식을 채택하고 있습니다. 각 장의 맨 앞부분에는 "방정식 한 눈에 보기"가 있습니다. 여기에는 장마다 하나씩 할당된 맥스웰 방정식을 아주 큼직한 폰트로 표시한 다음, 식을 구성하는 각 항의 뜻을 간결하게 적어놓았습니다. 이어서 각 항을 이루고 있는 여러 기호와 갖가지 수학 연산의 물리적 의미를 한 절에 하나씩 차례대로 자세히 설명하고 있습니나. 여러분이 맥스웰 방정식을 이미 배운 상태에서 짧은 시간 안에 복습하기 위해 이 책으로 공부하는 경우라면 "방정식 한 눈에 보기"만 살펴봐도 충분합니다. 그렇지만 여러분이 맥스웰 방정식에 대해 잘 모르는 부분이 있는 경우라면, 그 부분에 해당되는 절을 찾아봐야 합니다. 예를 들어 맥스웰 방정식 중에 가우스 법칙에 들어있는 $\vec{E} \circ \hat{n}$의 의미를 잘 모르고 있거나 닫힌경로 주위의 자기장의 순환에 기여하는 전류는 반드시 그 경로 "내부"의 전류이어야 하는 까닭을 잘 이해하지 못하고 있다면 이를 설명하는 절을 찾아 공부하면 됩니다.

이 책에서는 두 개의 학습 자료(웹 사이트와 오디오 팟캐스트)를 추가로 제공하여 맥스웰 방정식을 이해하고 이를 적용하는 방법을 익힐 수 있도록 돕고 있습니다. 웹 사이트에서는 이 책에 수록된 모든 연습문제들의 해답을 상호작용을 할 수 있는 대화 방식으로 제공하고 있습니다. 그래서 어느 한 문제의 해답 전체를 곧바로 볼 수도 있고 아니면 도움이 되는 힌트를 하나씩 차례차례 받아 보면서 최종답에 도달할 수도 있습니다. 글로 읽는 방식보다 음성으로 설명을 듣는 방식으로 공부하는 편이 학습 효과가 더 좋은 사람이라면 오디오 팟캐스트가 안성맞춤입니다. 오디오 팟캐스트에서는 MP3 파일에 저장된 음성으로 각 장에서 다루는 중요한 내용을 짚어주고 핵심 개념을 자세히 설명하는 서비스를 제공하고 있습니다.

어떤가요, 여러분에게 딱 맞는 책인가요? 여러분이 공학이나 자연과학을 전공하는 대학생으로 학교에서 배우는 교과목에서 맥스웰 방정식을 맞닥뜨렸는데 이 방정식이 정확히 무슨 의미이고 어떻게 사용해야 하는지 잘 모르고 있다면, 이 책을 읽고 함께 제공되는 오디오 팟캐스트를 듣고 예제와 문제를 풀어보세요. 그러면 학교 공부는 물론 대학원 입학시험, 입사시험, 자격증 시험을 대비한 공부도 될 것입니다. 여러분이 대학원 학생으로 종합시험을 대비하여 전자기학을 복습하고 있다면 이 책과 두 종류의 학습 자료가 도움이 될 것입니다.

여러분이 학생이 아니라, 호기심과 배움에 대한 열정으로 전기장과 자기장이 무엇인지 알고 싶어 하는 분이라면 이 책을 통해 오늘날 여러분이 일상생활에서 사용하고 있는 많은 기술들의 뿌리인 네 개의 방정식에 대해 잘 알게 될 것입니다.

이 책은 맥스웰 방정식을 딱딱하지 않은 방식으로 알기 쉽게 설명하고 있습니다. 그렇지만 맥스웰 방정식에 담긴 물리학적 의미를 이해하는 데 방해가 되지 않는 선까지는 엄밀한 수학의 사용을 회피하지 않고 있습니다. 이 책에서는 많은 물리학적 비유 - 예를 들어, 전기장과 자기장의 플럭스(flux, 선다발)를 실제 유체(fluid)의 흐름과 비교하는 방식 - 를 사용하고 있습니다. 맥스웰(James Clerk Maxwell)은 특히 이런 방식으로 생각하길 좋아했습니다. 그렇지만 맥스웰은 '비유를 사용하는 까닭은 우리가 관심을 두고 있는 두 양(quantity) 사이의 대응관계 때문이지 두 양이 서로 비슷하기 때문은 아니'라고 조심스럽게 지적했습니다. 수도꼭지(유체(물)의 흐름을 생성하는 원천)와 + 전하(정적인 전기장을 생성하는 원천) 사이의 유사성을 이용하면 정적인 전기장의 성질을 이해하는 데 큰 도움이 됩니다. 비록 정적인 전기장은 유체(물)와는 달리 실제로 흐르지는 않지만요.

이 책에서 다루는 네 개의 맥스웰 방정식에 대해 한 가지 짚고 넘어갈 사실이 있습니다. 처음 듣는 이야기일지도 모르겠지만 맥스웰이 전자기 이론을 연구하면서 전자기장과 자기장의 동작과 작용을 설명하기 위해 만든 방정식은 모두 4개가 아니라 20개였습니다. 맥스웰이 세상을 떠나고 20년이 지난 뒤 영국의 헤비사이드(Oliver Heaviside)와 독일의 헤르츠(Heinrich Hertz)는 이 20개의 방정식을 결합하고 간단히 정리해서 4개로 만들었습니다. 오늘날 우리는 이 네 개의 방정식을 각각 전기장용 가우스 법칙, 자기장용 가우스 법칙, 패러데이 법칙, 암페어-맥스웰 법칙이라고 부르며 한데 묶어 맥스웰 방정식이라고 말합니다. 바로 이 책에서 다루는 있는 주제입니다.

감사의 글

이 책은 오하이오 주립대학(Ohio State University)의 위대한 전파 물리학자 클라우스(John Kraus)와 나눈 대화의 산물이라고 할 수 있습니다. 클라우스 박사는 '설명은 분명하고 확실해야 함'을 제게 가르쳐주셨습니다. 위튼버그 대학(Wittenberg University)의 돌호프(Bill Dollhopf) 교수는 암페어-맥스웰 법칙에 대해, 텍사스 대학(University of Texas)의 박사후연구원(postdoc)인 밀러(Casey Miller)는 가우스 법칙에 대해 유용한 제안을 해주었습니다. 버클리 대학(UC Berkeley)의 대학원생 크레지나우(Julia Kregenow)와 위튼버그 대학의 학부생 레이놀즈(Carissa Reynolds)는 전체 원고를 검토해주었습니다. 이 두 학생은 이 책의 형식은 물론 내용에도 큰 기여를 해주었습니다. 존스 홉킨스 대학(Johns Hopkins University)의 지아놀라(Daniel Gianola)와 위튼버그 대학의 대학원생 룬켈(Melanie Runkel)은 이 책의 그림을 그리는 데 도움을 주었습니다. 에든버러 맥스웰 재단(Maxwell Foundation of Edinburgh)은 원고 집필 초기에 일할 장소를 제공해주었고 케임브리지 대학(Cambridge University)은 맥스웰의 많은 논문을 이용할 수 있게 해주었습니다. 케임브리지 대학 출판사(Cambridge University Press)의 파울러(John Fowler) 박사는 이 책을 만드는 과정에서 능숙한 안내와 꾸준한 지원을 아끼지 않았습니다. 특히 인내심으로 말하자면 이 세상에 지아놀라(Jill Gianola)를 따라갈 사람은 없을 것입니다.

옮긴이 머리말

"맥스웰에 의해 과학의 한 시대가 끝나고 새로운 시대가 시작되었다."
"특수 상대성 이론의 기원은 맥스웰의 전자기장 방정식이다."

"인류의 역사를 길고 오랜 관점에서, 예컨대 지금부터 1만년이 지난 뒤에 바라보면 19세기의 가장 중요한 사건으로 맥스웰이 전자기 법칙을 발견한 일을 꼽을 것이다."

20세기 최고의 물리학자로 손꼽히는 아인슈타인(Albert Einstein)과 파인만(Richard P. Feynman)이 맥스웰(James Clerk Maxwell)을 기리며 한 말입니다. 맥스웰이 과학에 남긴 업적은 한둘이 아니지만 그 가운데 으뜸은 두말할 나위 없이 **'맥스웰 방정식(Maxwell's equations)'**입니다. 전기 법칙과 자기 법칙을 통합해 만든 이 방정식으로 전기와 자기 현상, 전자파와 빛의 모든 비밀이 밝혀지고 **'장(field)'**은 단순한 관념이 아닌 물리적 실재(physical reality)가 되었습니다. 일상생활 속으로 들어온 맥스웰 방정식은 라디오, 텔레비전에서 스마트폰, 사물인터넷(IoT), 드론, 무인자동차, 인공지능로봇에 이르기까지 다양한 제품과 기술의 토대로서 오늘날에도 그 막강한 영향력을 행사하고 있습니다.

여러분이 이처럼 역사적, 학문적, 기술적으로 중요한 위치를 차지하고 있는 맥스웰 방정식을 명확히 알고 싶다면 바로 이 책이 안성맞춤입니다.

이 책은 오직 맥스웰 방정식만을 오롯이 다루고 있습니다. 1장에서 4장까지는 네 개의 맥스웰 방정식을 하나씩, 5장은 파동 방정식을 다룹니다. 마치 현미경과 메스로 생체를 해부하듯 방정식을 구성하고 있는 연산자와 기호를 낱낱이 분석하고 각각의 개념과 정의와 물리적 의미를 명쾌하고 자세하게 설명합니다. 또한 많은 예제와 연습문제를 수록하여 각 방정식이 실제 문제를 해결하는 데 어떻게 적용되는지 보여주고 있습니다. 아무쪼록 이 책이 물리 · 전기 · 전자 · 통신을 전공하는 이공계 학생들과 과학에 관심을 가진 일반 독자들에게 많은 도움이 되길 바랍니다.

끝으로 여러분에게 사진 하나를 소개하려 합니다. 맥스웰이 잠들어 있는 교회 묘지[1] 앞 잔디밭에 서 있는 사진 속의 추모비에는 그의 업적을 간추린 글이 이렇게 적혀있습니다.

> "그는 짧은 삶을 살았지만 자연과학(물리학)의 모든 분야 - 열, 빛, 역학 - 에 지대한 공헌을 했습니다. 특히 전기와 자기 이론을 통합하여 현대 물리학, 전기공학, 천문학의 확실한 토대를 확립했고 무선통신과 텔레비전으로 이어지는 길을 닦았습니다."

맥스웰 추모비 사진(출처 :https://en.wikipedia.org/wiki/ James_Clerk_Maxwell#/ media/ File:JCM_Memorial_Stone-1.jpg)

이 글은 다음의 맺음말로 이어집니다.

> "유머와 지혜가 가득했던 좋은 사람 하나, 이 동네에서 살다가 여기 교회묘지 안의 유적지에 묻혔노라."

한 토막에 지나지 않지만 그의 됨됨이를 짐작하게 해주는 문장입니다. 이 책의 원서를 우리말로 옮기는 동안 인간 맥스웰에 대한 궁금함이 생겼습니다. 맥스웰의 전기를 비롯하여 몇 권의 책, 논문, 관련 자료를 찾아 읽으면서 그가 가진 것은 탁월한 지적 능력뿐이 아님을 확인할 수 있었습니다.

---

1 The Church of Scotland(영국 스코틀랜드 파톤(Parton) 소재). 맥스웰 재단 홈페이지를 방문하면 전경을 볼 수 있다. http://www.clerkmaxwellfoundation.org/html/parton.html

누구나 과학과 지식을 누릴 권리가 있다고 생각한 맥스웰은 킹스 칼리지(King's College)의 교수로 재직하면서도 당시 비인간적 대우 속에 힘겨운 노동을 하며 살아가는 사람들을 위해 노동자학교에서 정기적으로 수업을 진행하고 자신의 영지에서 일하는 일꾼들에게 책을 빌려주는 휴머니스트였습니다. 대학에서는 자신이 고안한 실험 장치를 활용하며 학생들과 토론하는 열정적인 스승이었습니다. 캐번디시 연구소(Cavendish Laboratory)의 초대 소장으로서 연구소 설립을 주도하면서 실험실을 몸소 설계, 건축하고 실험 중심으로 운영하여 그때부터 오늘날까지 배출한 노벨상 수상자가 무려 29명이나 될 정도로 실험 물리학의 요람으로 우뚝 서는 데 주춧돌을 놓은 뚝심 있는 실천가였습니다. 뛰어난 수학실력을 갖고 있으면서도 수학을 전혀 몰랐던 패러데이와 거리낌 없이 서신을 주고받으며 당시 과학계에서는 황당하다고 여겨 배척했던 패러데이의 생각을 마침내 "방정식"으로 명확하게 표현하는 데 성공한, 진리를 찾는 길에서는 어떤 편견도 갖지 않은 열린 마음의 소유자였습니다.

중국 고전 『장자』는 "사람이 천지간에 태어나 유한한 몸뚱이를 기탁하는 시간은 천리마가 문풍지 사이로 휙 달려 지나가버리는 홀연한 순간과 같다"고 인생을 비유합니다. 그 짧은 인생조차 48년밖에 살지 못한 맥스웰이었지만 과학자, 아니 한 인간으로서 "좋은 사람"과 "좋은 삶"이란 어떤 것인지를 잘 보여주었습니다.

특히 금년은 맥스웰 방정식이 세상에 나온 지 꼭 150년[2]이 되어 국, 내외에서 이를 기념하는 행사가 많이 열린 해여서 그런지 제겐 이 책의 출간에 대한 감회가 특별합니다. 이 책이 맥스웰 방정식의 개념은 물론 그 속에 담긴 맥스웰의 열정과 의지와 삶의 태도까지 그가 찾아낸 "장(field)"처럼 세상 구석구석까지 전달해주면 좋겠다는 바람을 가져봅니다. 잘못된 내용을 찾으셨거나 의견이 있으신 분들은 책에 실린 메일이나 출판사로 연락을 주시기 바랍니다.

2015년 12월

유태훈

---

2 맥스웰은 1865년에 맥스웰 방정식이 실린 논문인 「전자기장의 동력학 이론(A Dynamical Theory of the Electromagnetic Field)」을 런던 왕립학회(Royal Society of London)에 발표했다.

차례

1

전기장용 가우스 법칙

맥스웰 방정식을 구성하고 있는 수식 속에는 전기장(electric field)이 들어있다. 이 전기장의 유형에는 두 가지가 있다. 하나는 전하(electric charge)에 의해 생성되는 정전기장(electrostatic field)이고 또 하나는 시간에 따라 변하는 자기장에 의해 생성되는 유도 전기장(induced electric field)이다. 두 종류의 전기장 중에서 전기장용 가우스 법칙에서 다루는 전기장은 정전기장이다. 이 법칙은 전하분포와, 그 전하분포에 의해 공간에 생성되는 정전기장 사이의 관계를 나타내는 것으로 매우 유용하며 강력한 해석 도구이다.

1.1 적분형 가우스 법칙

가우스 법칙(Gauss's law)은 다양한 방식으로 나타낼 수 있다. 책마다 표기방식이 조금씩 다르지만 일반적으로 다음과 같은 형태로 쓸 수 있다.

$$\oint_S \vec{E} \circ \hat{n}\, da = \frac{q_{\text{내부}}}{\varepsilon_0} \qquad \text{전기장용 가우스 법칙(적분형)}$$

이 방정식의 좌변은 닫힌표면 S 를 통과하는 '전기 장선'(electric field line)의 총 개수를 뜻하는 것으로, 수학적인 표현을 써서 '전기 플럭스'(electric flux, 전기 선다발)라고 부른다. 방정식의 우변은 닫힌표면 S 내부에 들어있는 총 전하량을 상수 ε_0 로 나눈 것이다. 이 상수를 자유공간(free space)[1]의 유전율(permittivity)이라고 부른다.

지금 당장은 위에서 나온 '장선'(field line)이나 '플럭스'[2](flux, 선다발)라는 용어의 뜻을 잘 모른다고 걱정할 필요는 없다. 1장을 계속 공부하다보면 이들 용어의 개념이 점점 이해가 될 것이다. 1장에는 예제가 여러 개 들어있는데, 이를 풀어보면서 가우스 법칙을 적용하여 정전기장 문제를 해결하는 방법을 익힐 수 있다.

---

1 [옮긴이] 자유공간(free space)이란 아무런 물질도 없는 공간(space that is free of matter)을 가리키는 용어이다. 자유공간은 전자기학에서 사용하는 추상적인 개념으로 실제로 완벽한 자유공간인 매질은 존재하지 않는다. 그렇지만 공기(air)나 진공(vacuum)은 전자기적인 특성이 자유공간과 거의 같으므로 근사적으로 자유공간으로 취급한다.

2 [옮긴이] 플럭스(flux)라는 단어는 흐름(flow)을 뜻하는 라틴어 플럭서스(fluxus)에서 유래된 용어이다. 물리학, 수학, 전자기학의 정의가 서로 조금씩 다르긴 하지만 공통적으로 어떤 단면(표면)을 통해 흐르는 물리량(질량, 에너지, 열, 벡터 등)을 나타내는 데 사용된다. 우리말로 옮길 때는 유량(流量)이라고 하거나 플럭스를 그대로 사용하기도 한다. 전자기학에서는 전기장과 자기장을 장선(field line)을 써서 나타내는 경우가 흔하므로 플럭스나 유량 대신 선다발 또는 선속이라는 용어를 사용한다. 이 책에서는 특정 면적을 통과하는 장선의 다발이라는 의미를 확실히 드러내기 위해 선다발이라는 용어를 사용하기로 한다.

무엇보다 중요한 것은 가우스 법칙을 확실히 이해하는 것으로 그 내용은 다음과 같다.

전하는 전기장을 생성한다. 어떤 닫힌표면을 통과하는 전기장의 플럭스(전기 선다발)는 그 닫힌표면 내부에 들어있는 총 전하의 양에 비례한다.

이 법칙에 따라 어떤 닫힌표면 내부에 전하가 없으면 이 표면을 통과해서 밖으로 나오는 전기 선다발은 0이다. 이때 닫힌표면은 실제로 존재하는 닫힌표면이든 가상으로 만든 닫힌표면이든 관계가 없으며 크기나 모양에도 제한이 없다. 만일 이 닫힌표면 내부에 양(+) 전하를 얼마만큼 집어넣으면 이 표면을 통해 밖으로 나오는 전기 선다발의 값은 양수가 된다. 그 다음에 이 닫힌표면에 앞서 넣은 양전하와 같은 양의 음(−) 전하를 추가로 집어넣으면(즉 닫힌표면 내부의 총 전하량을 0으로 만들면) 전기 선다발의 값은 다시 0이 된다. 가우스 법칙에서는 닫힌표면 속에 얼마만큼의 '알짜'(net) 전하가 들어있는지가 중요하다는 점을 꼭 기억해야 한다.

다음에 적분형 가우스 법칙의 수식을 구성하는 각 기호의 의미를 설명하였다.

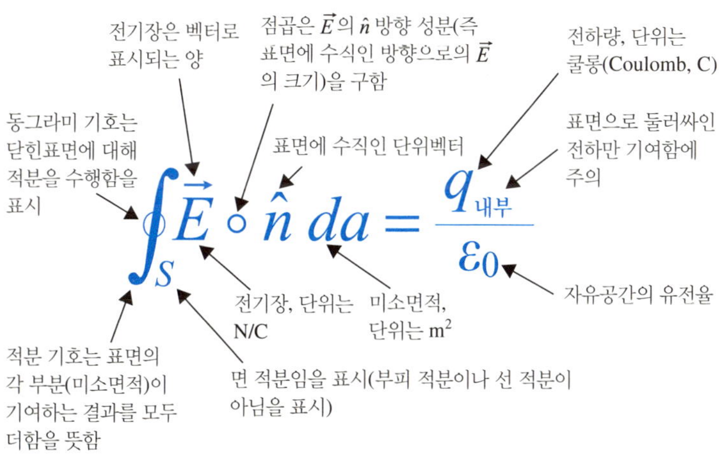

지금부터 가우스 법칙을 어디에 쓸 수 있는지 알아보자. 이 법칙을 사용하면 다음과 같이 두 가지 유형의 문제를 풀 수 있다.

(1) 전하의 분포를 알고 있을 때, 그 전하를 둘러싸는 닫힌표면을 통과하는 전기 선다발을 구할 수 있다.

(2) 닫힌표면을 통과하는 전기 선다발을 알고 있을 때, 그 표면 내부에 들어있는 총(알짜) 전하의 양을 구할 수 있다.

가우스 법칙을 적용하기에 가장 좋은 것은 전하분포가 대칭성을 띠고 있는 경우이다. 대칭 형태의 전하분포에서는 가우스 법칙으로 전체 표면을 통과하는 전기 선다발을 구할 수 있음은 물론 전기장도 구할 수 있다.

적분형으로 표시된 가우스 법칙은 복잡해 보이지만 각 항과 기호의 의미를 하나하나 차근차근 살펴보면 결국에는 완벽히 이해할 수 있다. 지금부터 전기장 $\vec{E}$를 시작으로 가우스 법칙의 구성원들을 하나씩 알아보자.

$\vec{E}$ 전기장

가우스 법칙을 이해하기 위해서는 맨 먼저 전기장이 무엇인지 알아야 한다. 물리학 책이나 공학 책 중에는 전기장이 무엇인지 설명하지 않은 채, “전기력이 작용하는 어떤 영역에 전기장이 존재하고 있다.”는 식으로 기술하고 있는 것들도 있다. 전기장이란 정확히 무엇을 말하는 것인가?

이 질문에는 심오한 철학적 의미가 담겨 있어서 사실 답변하는 게 쉽지는 않다. 전기적 “힘의 장”(field of force)이라는 용어를 처음 언급한 사람은 패러데이(Michael Faraday)이다. 이 “힘의 장”이 바로 대전체(+ 전하 또는 − 전하를 띤 물체)가 놓여있는 공간, 다시 말해 전기력이 작용하는 공간 그 자체임을 밝힌 인물은 맥스웰(James Clerk Maxwell)이다.

전기장은 여러 가지 방식으로 정의할 수 있는데 공통적으로 장(field)과 힘(force) 사이의 밀접한 관련성을 바탕으로 한다. 이 가운데 매우 실용적인 정의 방식으로, 전하를 가진 물체에 작용하는 단위전하당 전기력으로 전기장을 정의할 수 있다. 철학자는 전기장의 참뜻에 관심을 두고 논의를 할 것이다. 하지만 우리 주변의 많은 실제 문제들은 어떤 한 점의 전기장을, 그 점에 놓인 단위전하(1 쿨롱의 전하)에 작용하는 전기력(단위: 뉴턴(N))으로 정의하는 방식으로 풀 수 있다. 이 정의를 수식으로 나타내면 다음과 같다.

$$\vec{E} \equiv \frac{\vec{F}_{\mathrm{e}}}{q_0} \tag{1.1}$$

여기서 $\vec{F}_{\mathrm{e}}$는 작은 크기[3]의 전하(시험전하) q_0에 작용하는 전기력이다. 이 정의로부터 전기장의 중요한 특성 두 가지를 알 수 있다.

(1) 전기장 $\vec{E}$ 는 벡터로서, 그 크기는 힘에 정비례하고 방향은 + 전하(시험전하)에 작용하는 힘의 방향과 같다.

(2) $\vec{E}$ 의 단위는 N/C이다. V = N × m/C 이므로 N/C = V/m 가 되어 전기장을 단위길이당 전압으로도 표시할 수 있다.

3 물리학과 공학에서 시험전하의 크기에 대해 언급하는 이유는 무엇일까? 시험전하는 어떤 한 점의 전기장을 구하기 위해 사용되는 것이므로 그 시험전하로 인해 그 점의 원래 전기장이 달라져서는 안 된다(엄밀하게 말해 전기장이 변동되는 것을 완벽하게 막을 수는 없다). 시험전하의 크기를 무한히 작게 하면 원래 전기장의 변동을 최소로 할 수 있다.

전하를 가진 물체 주위에 분포하는 전기장을 그림으로 표시하면 가우스 법칙을 적용하는 과정에서 많은 도움이 된다. 전기장을 그림으로 나타내는 방식 중에서 가장 대표적인 것이, 공간상의 각 점에서 그 점의 전기장의 방향과 일치하는 화살표나 장선(field line)을 긋는 방식이다. 장의 세기는 '화살표 방식'에서는 화살표의 길이로 표시하고, '장선 방식'에서는 선 사이의 간격으로 나타낸다(선 사이의 간격이 좁을수록 장의 세기가 강하다). 장선이나 화살표로 표시된 전기장 그림을 살펴볼 때, 선이 그어진 부분뿐 아니라 선과 선 사이의 빈 영역에도 전기장이 존재한다는 사실을 잊어서는 안 된다[4].

가우스 법칙을 적용하는 데 적합한 몇 가지의 전기장 분포를 [그림 1.1]에 나타내었다.[5]

전하에 의해 발생하는 전기장을 그림으로 나타내는 데 도움이 되는 규칙을 몇 가지 살펴보면 다음과 같다.

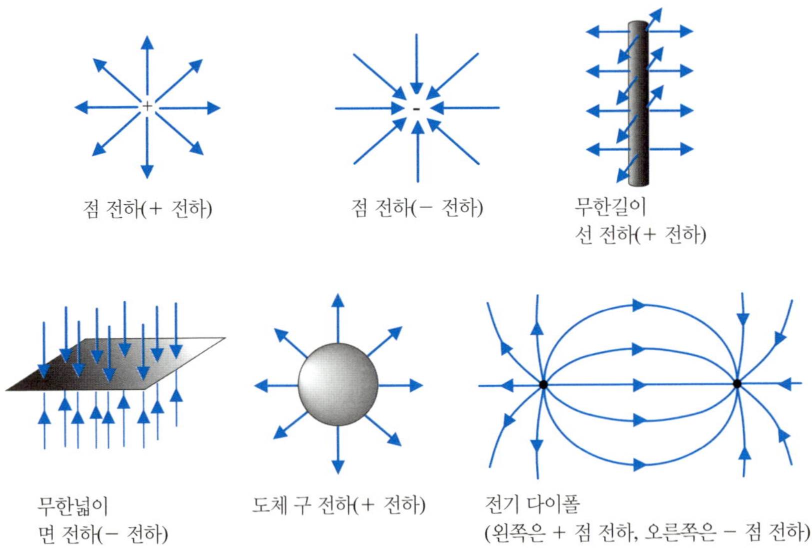

그림 1.1 전기장 분포의 예. 여기서 보는 전기장은 3차원 공간에 분포하는 전기장을 2차원으로 표시한 것이다. 이 책의 웹사이트를 방문하면 3차원 분포를 볼 수 있다.

4 [옮긴이] 전하가 생성하는 전기장은 주위 공간을 빈틈없이 채우므로 연속적으로 분포한다.

5 3장에서는 전하가 아닌 시간에 따라 변하는 자기장에 의해 발생하는 전기장을 다룬다. 이 전기장의 장선은 [그림 1.1]의 전기 장선과는 달리 순환하여 자신에게 되돌아오는 고리(루프)모양을 하고 있으며 전하에 의해 발생하는 전기장에 적용되는 법칙을 따르지 않는다.

- 전기 장선은 + 전하에서 시작해서 − 전하에서 끝난다.
- 어떤 점의 알짜 전기장은 그 점에 존재하는 모든 전기장의 벡터 합이다.
- 전기 장선끼리는 서로 교차할 수 없다. 만일 두 장선이 교차하게 되면 교차점에서 전기장이 서로 다른 두 방향을 향하게 되기 때문이다. 두 개 이상의 원천에 의해 어느 한 점에 저마다 방향이 다른 전기장이 여러 개 존재하게 되면 그 점의 총 전기장은 이들 전기장의 벡터 합이 된다. 결국 어느 한 점의 전기 장선은 언제나 하나의 방향(총 전기장의 방향)만을 향하게 된다.
- 전기 장선은 전기적 평형상태에 있는 도체 표면에 항상 수직이다.

[표 1.1]에 단순한 구조로 된 몇 가지 전하의 종류와, 해당 전하가 생성하는 전기장의 수식을 수록했다.

이제 가우스 법칙에 들어있는 $\vec{E}$가 정확히 무엇인지 알아보자. 가우스 법칙에 들어있는 $\vec{E}$는 표면 S 위에 있는(즉 표면 S를 이루고 있는) 각 점의 총 전기장을 나타낸다. 표면 S는 실제로 존재하는 물체의 표면일 수도, 아니면 공간상에 여러분이 임의로 만든 가상의 표면일 수도 있다. 이 내용에 대해서는 뒤에서 가우스 법칙

표 1.1 몇 가지 전하분포와 전기장

점 전하 (전하량 = q [C])	$\vec{E}=\frac{1}{4\pi\varepsilon_0}\frac{q}{r^2}\hat{r}$ (r은 점 전하 q와의 거리)
도체 구 (전하량 = Q [C], 반지름 = r_0)	$\vec{E}=\frac{1}{4\pi\varepsilon_0}\frac{Q}{r^2}\hat{r}$, $r>r_0$ (구 외부) $\vec{E}=0$, $r\le r_0$ (구 내부) r은 도체 구의 중심과의 거리
균일하게 대전된 절연체 구 (전하량 = Q [C], 반지름 = r_0)	$\vec{E}=\frac{1}{4\pi\varepsilon_0}\frac{Q}{r^2}\hat{r}$, $r>r_0$ (구 외부) $\vec{E}=\frac{1}{4\pi\varepsilon_0}\frac{Qr}{r_0^3}\hat{r}$, $r\le r_0$ (구 내부) r은 절연체 구의 중심과의 거리
무한길이 선 전하 (전하밀도 = λ [C/m])	$\vec{E}=\frac{1}{2\pi\varepsilon_0}\frac{\lambda}{r}\hat{r}$, $r>r_0$ r은 선과의 거리
무한넓이 면 전하 (전하밀도 = σ [C/m^2])	$\vec{E}=\frac{\sigma}{2\varepsilon_0}\hat{n}$ $\hat{n}$은 평면에 수직인 단위 벡터

의 '면 적분'을 설명하는 부분에 다시 나오므로 그때 자세히 살펴보기로 하고 여기서는 먼저 적분식 내부에 들어있는 점곱과 단위벡터에 대해 알아보자.

○ 점곱

곱셈 기호(∘ 또는 ×)가 들어있는 수식을 다룰 때는 해당 곱셈 기호의 왼편 항과 오른편 항을 잘 살펴보는 것이 좋다. 이들 항이 굵은 폰트이거나 글자 위쪽에 화살표 또는 모자(carot 표시)가 그어져 있으면($\vec{E}$, $\hat{n}$ 처럼) 이 식은 벡터 곱셈이다. 크기와 방향을 함께 갖고 있는 벡터끼리 곱하는 방법에는 몇 가지가 있다.

가우스 법칙에서 $\vec{E}$와 $\hat{n}$ 사이에 들어있는 ∘ 기호는 전기장 벡터 $\vec{E}$와 단위 벡터 $\hat{n}$ 사이에서 점곱[6] (dot product)을 수행하는 연산자이다. 단위 벡터에 대해서는 곧 이어 살펴볼 것이다. 벡터의 직각좌표 성분이 주어진 경우에 두 벡터의 점곱을 수행하면 다음과 같다.

$$\vec{A} \circ \vec{B} = A_x B_x + A_y B_y + A_z B_z \tag{1.2}$$

두 벡터 사이의 각도가 주어진 경우, 두 벡터의 점곱은 다음과 같다.

$$\vec{A} \circ \vec{B} = |\vec{A}||\vec{B}| \cos \theta \tag{1.3}$$

여기서 $|\vec{A}|$ 와 $|\vec{B}|$ 는 각각 두 벡터의 크기(길이)이다. 주목할 점은 두 벡터 사이의 점곱은 스칼라가 된다는 사실이다. 그래서 점곱을 스칼라 곱(scalar product)이라고도 한다.

지금부터 점곱의 물리적 의미를 알아보자. [그림 1.2(a)]를 보면 벡터 $\vec{A}$와 벡터 $\vec{B}$가 방향이 θ만큼 차이가 난 채 놓여있다.

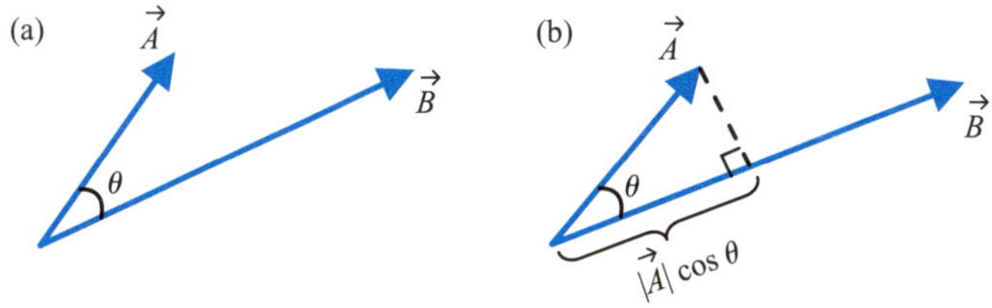

벡터 $\vec{B}$ 위로의 벡터 $\vec{A}$ 의 정사영 $|\vec{A}| \cos \theta$ 에 벡터 $\vec{B}$ 의 길이 $|\vec{B}|$ 를 곱해서 나오는 $|\vec{A}||\vec{B}| \cos \theta$ 이 두 벡터의 점곱 $\vec{A} \circ \vec{B}$ 이다.

그림 1.2 점곱의 의미

6 [옮긴이] 점곱은 내적(內積), 가위곱은 외적(外積)의 다른 말이다. 이 책에서는 지나치게 어색하지 않으면 어려운 한자어나 일본식 한자어로 된 용어를 우리말로 고쳐 쓰려고 노력하였다. 용어를 고르는 데는 한국물리학회의 물리학용어집을 많이 참고하였다.

[그림 1.2(b)]에서 보듯이 벡터 $\vec{B}$위로의 벡터 $\vec{A}$의 정사영(projection)은 $|\vec{A}| \cos \theta$이다. 이 정사영에 벡터 $\vec{B}$의 길이 $|\vec{B}|$ 를 곱하면 $|\vec{A}||\vec{B}| \cos \theta$이 된다. 따라서 점곱 $\vec{A} \circ \vec{B}$은 $\vec{B}$방향으로의 $\vec{A}$의 정사영에, $\vec{B}$의 길이를 곱하는 것이다. 가우스 법칙에서 점곱 연산이 어떻게 쓰이는지 알 수 있도록 지금부터 벡터 $\hat{n}$의 의미를 살펴보자.

$\hat{n}$ 단위 수직 벡터

단위 수직 벡터(unit normal vector, 단위 법선 벡터)는 쉽게 이해할 수 있다. 어떤 표면 위에 있는 한 점에서, 방향은 그 표면에 수직이고 길이는 1인 벡터를 생각하자. 바로 이 벡터를 "단위(unit)" "수직(normal)" 벡터라고 하고 $\hat{n}$로 표시한다. '단위'라는 용어는 길이가 1이기 때문에, '수직'이라는 용어는 표면에 수직이기 때문에 붙은 것이다. [그림 1.3(a)]에 평면에 대한 단위 수직 벡터를 나타내었다.

[그림 1.3(a)]의 평면에 대해, 단위 수직 벡터를 현재 표시된 단위 벡터와 방향이 정반대인 벡터로 선택할 수도 있다. 열린표면의 경우에는 한쪽 면(예를 들어, 윗면)과 그 반대쪽 면(아랫면) 사이에는 근본적으로 아무런 차이가 없다. 열린표면이란 (종잇장 표면처럼) 표면을 뚫고 지나가지 않아도 한쪽 면에서 반대쪽 면으로 갈 수 있는 표면을 말한다.

닫힌표면이란 (비눗방울 표면처럼) 공간을 내부와 외부로 완전히 분할하는 표면을 말한다. 이러한 닫힌표면에 대해서는 단위벡터의 방향을 어느 하나로 정해주어야 한다. 통상적으로 닫힌표면에서는 단위 수직 벡터의 방향을 닫힌표면으로 둘러싸인 부피로부터 바깥으로 나가는 방향으로 취한다. [그림 1.3(b)]에 구(공)의 경계를 이루는 닫힌표면에 대한 단위 수직 벡터를 표시하였다. 지구를 이 그림처럼 완전한 구라고 가정하면 지구의 북극점의 단위벡터와 남극점의 단위벡터는 서로 정반대 방향을 가리키고 있음에 주목하기 바란다.

책에 따라서는 $\hat{n}\,da$ 대신 $d\vec{a}$라는 표기법을 사용하기도 한다. 이 경우에는 벡터 면적요소(미소면적) $d\vec{a}$ 속에 단위 수직이라는 의미가 포함되어 있는 것으로 $d\vec{a}$ 벡

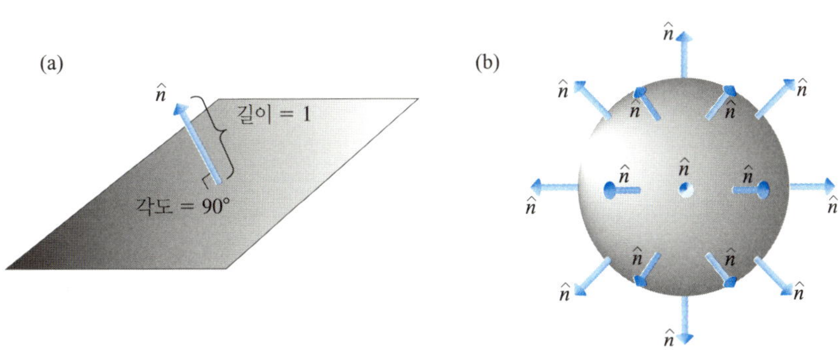

그림 1.3 평면과 구면에서의 단위 수직 벡터

터의 크기는 면적 da와 같고 $d\vec{a}$ 벡터의 방향은 단위 수직 벡터 $\hat{n}$과 같다. 결국 $d\vec{a}$와 $\hat{n}\,da$는 똑같다.

$\vec{E} \circ \hat{n}$ 표면에 수직인 방향의 $\vec{E}$ 성분

점곱과 단위 수직 벡터를 이해하고 나면 $\vec{E} \circ \hat{n}$의 의미를 분명히 알 수 있다. 이 식은 전기장이 현재 다루고 있는 표면에 수직인 방향으로는 얼마만큼의 성분을 가지고 있는지 나타낸다.

이 개념이 확실히 이해되지 않는다면, $\vec{E}$ 와 $\hat{n}$사이의 점곱을 계산해보자. 두 벡터 사이의 점곱은 첫 번째 벡터의 두 번째 벡터 방향으로의 정사영에, 두 번째 벡터의 길이를 곱하는 것이다. 두 번째 벡터인 단위 수직 벡터의 길이는 정의에 따라 1이므로($|\hat{n}| = 1$) 다음과 같이 쓸 수 있다.

$$\vec{E} \circ \hat{n} = |\vec{E}||\hat{n}| \cos\theta = |\vec{E}| \cos\theta \tag{1.4}$$

여기서 θ는 단위 수직 벡터 $\hat{n}$과 전기장 벡터 $\vec{E}$가 이루는 각도이다. 표면에 수직인 방향으로의 전기장의 성분을 [그림 1.4]에 나타내었다.

전기장의 방향이 표면과 평행인(나란한) 경우에는 $\vec{E}$ 와 $\hat{n}$는 서로 수직을 이루고 있어서 $\theta = 90°$ 가 되므로 $\vec{E} \circ \hat{n} = |\vec{E}| \cos(90°) = 0$이 된다. 따라서 이 경우에 표면에 수직인 $\vec{E}$의 성분은 0이다.

전기장의 방향이 표면에 수직인 경우에는 $\vec{E}$와 $\hat{n}$ 는 평행을 이루고 있어서 $\theta = 0°$가 되므로 $\vec{E} \circ \hat{n} = |\vec{E}| \cos(0°) = |\vec{E}|$ 이 된다. 따라서 이 경우에 표면에 수직인 $\vec{E}$의 성분은 $\vec{E}$의 크기 전체가 된다.

앞으로 전기 선다발을 공부하는 과정에서 표면에 수직인 전기장의 성분의 중요성이 확실히 드러날 것이다. 이렇게 되기 위해서는 가우스 법칙에서 면 적분의 의미를 확실히 이해하고 있어야 하므로 지금부터 이에 대해 알아보자.

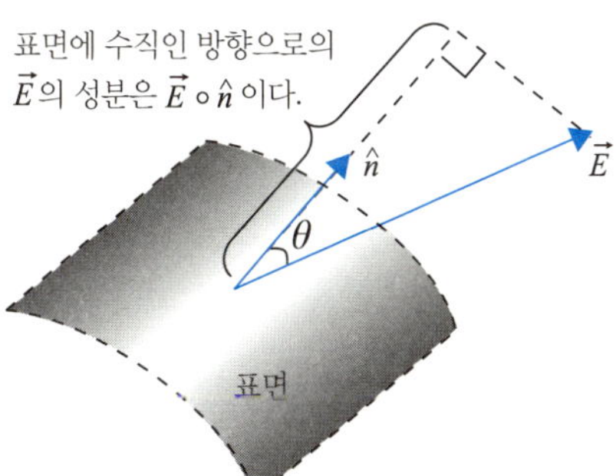

그림 1.4 표면에 수직인 방향 $\hat{n}$으로의 $\vec{E}$ 의 정사영

$\int_S ()da$ 면 적분

물리학과 공학에서 다루는 수식 가운데는 지금 우리가 살펴보고 있는 가우스 법칙처럼 스칼라 함수 또는 벡터 함수를 특정한 표면에 대해 적분을 계산하는 것들이 많이 있다(이러한 유형의 적분을 "면 적분(surface integral)"이라고 한다). 여러분이 중요한 이 수학연산을 이해하기 위해 애쓴 시간은 역학, 유체역학, 전자기학 분야의 문제들을 풀 때 몇 번이고 보상을 받게 될 것이다.

[그림 1.5]에 표시한 얇은 표면을 이용하여 면 적분의 의미를 살펴보자. 이 표면의 면 질량밀도(단위 면적당 질량)가 x와 y에 따라 다른 값을 가진다고 가정할 때 표면의 총 질량을 구해보자. 이를 위해 전체 표면을 작은 2차원 조각으로 나눈다. 이때 2차원 조각의 사이즈는, 각 조각 내에서는 면 질량밀도를 일정한 것으로 간주할 수 있을 만큼 작아야 한다.

전체 표면을 N개의 조각으로 나누었다고 하자. i번째 조각의 면 질량밀도를 σ_i, 면적을 dA_i 라고 하면 표면의 총 질량은 급수합 $\sum_{i=1}^{N}\sigma_i \, dA_i$ 으로 쓸 수 있다. 여기서 표면을 더욱 잘게 나누어 조각을 더 작아지게 할수록 각 조각의 면 질량밀도 σ가 일정하다는 가정에 더욱 부합하므로 표면의 질량을 계산한 결과가 정확해진다. 조각의 면적 dA를 0에 근접시켜 무한히 작게 하면 조각의 개수 N은 무한대에 가까워지면서 다음과 같이 급수계산은 적분계산이 된다.

$$\text{질량} = \int_S \sigma(x,y)\, dA$$

이 식은 표면 S에 대해 스칼라 함수 $\sigma(x, y)$의 면적 적분을 계산하는 것이다. 계산 방법은, 함수(여기서는 밀도)를 셀 수없이 많은 작은 부분으로 나누고 각 부분이 기여하는 값을 모두 더하여 전체 양을 구한다. 가우스 법칙을 이해하기 위해서는

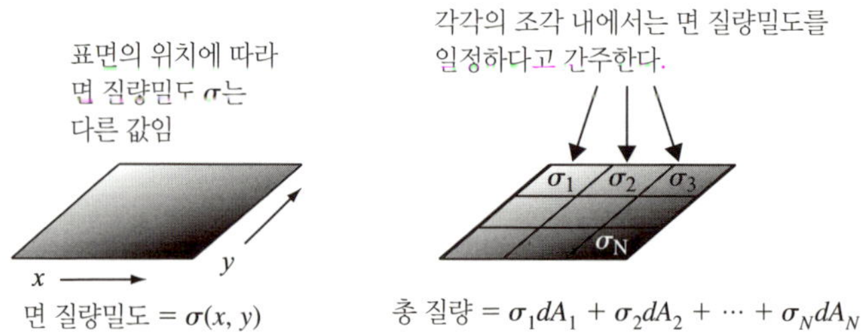

그림 1.5 불균일한 질량밀도를 갖는 표면의 질량 구하기

면 적분의 개념을 스칼라 함수에서 벡터 함수(벡터 장)로 확장해야 한다. 지금부터 이에 대해 살펴보자.

$\int_s \vec{A} \circ \hat{n}\, da$ 벡터 장의 면 적분: 플럭스

가우스 법칙에서 면 적분은 스칼라 함수(예를 들어, 표면의 밀도)가 아닌 벡터 장에 대해 수행한다. 여기서 벡터 장이 무엇인지 알아보자. 공간에 분포해 있는 어떤 양을 가리키는 데 사용되는 용어가 '장'(field)이다. 이 장이 크기와 방향을 함께 갖고 있는 벡터량인 경우를 벡터 장(vector field)이라고 한다. 예를 들어 어떤 방 내부 공간의 온도분포는 스칼라 장(scalar field)이고 어떤 공간을 따라 흐르는 유체(fluid, 액체나 기체)의 속도(속력과 방향)는 벡터 장이다.

벡터 장의 플럭스를 이해하는 데 유체의 흐름(flow)과의 유사성을 이용하면 도움이 된다. 심지어는 어떤 벡터 장이 움직임 없이 정지 상태에 있는 벡터 장이어서 실제로 흐르는 것이 아무 것도 없는 경우에도 이러한 방식을 이용할 수 있다. 어떤 표면에 대한 어떤 벡터 장의 플럭스는 [그림 1.6]에 설명한 것처럼 그 표면을 통과해 흐르는 그 장의 양으로 생각할 수 있다.

가장 단순한 예로, 어떤 표면 S가 균일한 벡터 장 $\vec{A}$에 수직으로 놓여 있는 경우를 생각하자. 그러면 표면 S에 대한 벡터 장 $\vec{A}$의 플럭스 Φ는 다음과 같이 장의 크기와 표면의 면적을 곱한 것으로 쓸 수 있다.

$$\Phi = |\vec{A}| \times (\text{표면 면적}) \tag{1.5}$$

이 경우를 [그림 1.6(a)]에 표시하였다. 그림에서 보듯이 $\vec{A}$가 표면에 수직이면 단위 수직 벡터 $\hat{n}$과 평행이다.

벡터 장이 균일하지만 [그림 1.6(b)]과 같이 표면에 수직이 아닌 경우라면 플럭스는 표면에 수직인 $\vec{A}$ 성분을 구하고 그 결과에 표면 면적을 곱하면 된다.

$$\Phi = \vec{A} \circ \hat{n} \times (\text{표면 면적}) \tag{1.6}$$

지금까지는 플럭스의 개념을 쉽게 이해할 수 있도록 균일한 장과 평평한 표면

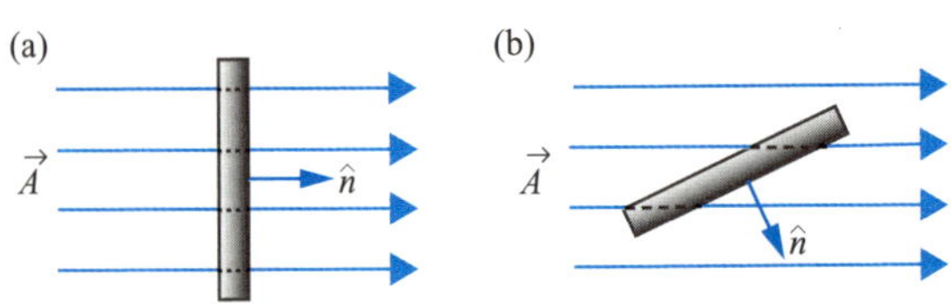

그림 1.6 표면을 통과하는 벡터 장의 선다발(플럭스)

을 사용했지만 전자기학에서 다루는 많은 문제들은 불균일한 장과 굽은 형태의 표면(곡면)으로 이루어져 있다. 이러한 문제를 풀기 위해서는 표면 적분 개념을 벡터장으로 확장해야 한다.

[그림 1.7(a)]에 표시된 곡면과 벡터 장 $\vec{A}$를 살펴보자. $\vec{A}$는 실제 유체의 흐름이고 S는 투과성 막이라고 가정하자. 이러한 상황을 나중에 표면 S를 통과하는 전기장 $\vec{E}$의 플럭스를 구하는 데 적용할 수 있는데, 이때 표면 S는 실제 표면이거나 가상적인 표면이거나 상관이 없다.

여기서 잠깐 이야기를 바꾸어, 표면 S를 통해 지나가는 물질의 흐름율(rate of flow)을 어떻게 구할 수 있는지 생각해보자. 흐름율은 여러 가지 방식으로 정의할 수 있는데, 여기서는 "초당 막(표면)을 통해 지나가는 입자의 개수"라는 정의를 사용하기로 한다.

흐름율을 구하기 위해 $\vec{A}$를 유체의 개수밀도(number density, 단위부피당 입자 개수, 단위는 개/m^3)에 유체의 속도(단위는 m/s)를 곱한 것으로 정의한다. $\vec{A}$는 스칼라인 개수밀도와 벡터인 속도의 곱이므로 $\vec{A}$의 방향은 속도의 방향과 같아야 하며 $\vec{A}$의 단위는 개/(m^2 · s) 이 된다. 흐름율은 초당 표면을 통해 지나가는 입자의 개수이므로, 각각의 단위를 따져보면 $\vec{A}$에 표면의 면적을 곱해서 흐름율을 구할 수 있음을 알 수 있다.

[그림 1.7(a)]를 다시 살펴보자. 그림에 그려진 화살표들은 길이가 다른데, 이는 물질이 흐름이 공간적으로 균일하지 않음을, 다시 말해 공간상의 위치에 따라 속력이 높거나 낮음을 뜻한다. 이처럼 표면의 어느 부분을 통과하는 물질은 표면의 다른 부분을 통과하는 물질보다 속력이 빠르거나 늦으므로 표면상의 위치를 고

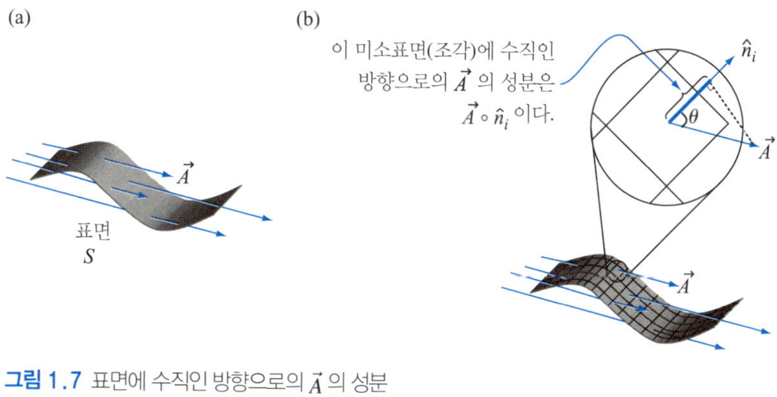

그림 1.7 표면에 수직인 방향으로의 $\vec{A}$ 의 성분

려해야 하는 것이 당연한데 이와 더불어 물질이 흐르는 방향과 표면의 "각도"도 고려해주어야 한다. 표면 중에서 물질이 흐르는 방향과 나란한 부분이 있으면 이 부분을 통해 초당 지나가는 입자 개수는 당연히 0이다. 이는 입자가 표면의 앞면에서 뒷면으로 전달되기 위해서는 흐름 선(flow line, 유선)이 그 표면을 반드시 뚫고 지나가야 하기 때문이다. 따라서 막을 이루고 있는 각 부분(표면)의 면적과 그 부분의 흐름 속력은 물론, 그 표면에 수직인 방향으로의 흐름성분을 함께 고려해주어야 한다.

여러분은 앞에서 표면에 수직인 $\vec{A}$의 성분을 구하는 방법을 배웠다. 이 성분은 $\vec{A}$와 표면에 수직인 단위 벡터 $\hat{n}$의 점곱으로 간단히 계산할 수 있다. 그런데 여기서 다루는 표면은 곡면이므로 $\hat{n}$의 방향은 표면상의 위치에 따라 달라진다. 이처럼 위치마다 달라지는 $\hat{n}$와 $\vec{A}$을 고려하기 위해 [그림 1.7(b)]와 같이 표면을 작은 조각으로 분할한다. 조각들의 사이즈를 아주 작게 하면 해당 조각 내에서는 $\hat{n}$과 $\vec{A}$이 위치에 관계없이 일정하다고 가정할 수 있다.

[그림 1-7(b)]에서 i 번째 조각의 면적을 da_i, 단위 수직 벡터를 $\hat{n}_i$ 라고 하자. 그러면 i 번째 조각을 통해 지나가는 흐름은 $(\vec{A}_i \circ \hat{n}_i)\, da_i$이므로 표면 전체를 통과하는 총 흐름은 다음과 같다.

$$\text{표면 전체를 통과하는 총 흐름} = \sum_i \vec{A}_i \circ \hat{n}_i \, da_i$$

각 조각의 사이즈를 0에 근접시켜 무한히 작게 하면 급수계산은 적분계산으로 바뀐다.

$$\text{표면 전체를 통과하는 총 흐름} = \int_S \vec{A} \circ \hat{n} \, da \tag{1.7}$$

표면이 닫힌표면인 경우에는 다음과 같이 적분기호 중간에 원이 들어간다.

$$\text{표면 전체를 통과하는 총 흐름} = \oint_S \vec{A} \circ \hat{n} \, da \tag{1.8}$$

이 흐름이 바로 닫힌표면 S를 통과하는 입자 플럭스이다. 한 눈에 봐도 식 (1.8)은 가우스 법칙의 좌변과 유사하다. 식 (1.8)에서 벡터 장 $\vec{A}$사리에 전기장 $\vec{E}$를 대신 넣기만 하면 바로 가우스 법칙이 된다.

$\oint_S \vec{E} \circ \hat{n}\, da$ 닫힌표면을 통과하는 전기 선다발(플럭스)

바로 앞에서 얻은 결과를 이용하면 표면 S를 통해 지나가는 벡터 장 $\vec{E}$의 플럭스, 즉 전기 선다발 Φ_E는 다음 식으로 구할 수 있음을 쉽게 이해할 수 있을 것이다.

$$\Phi_E = |\vec{E}| \times (\text{표면 면적}) \qquad \vec{E}\text{ 가 균일하고 표면 } S\text{ 에 수직인 경우} \tag{1.9}$$

$$\Phi_E = \vec{E} \circ \hat{n} \times (\text{표면 면적}) \qquad \vec{E}\text{ 가 균일하고 표면 } S\text{ 와 어떤 특정 각도를 이루고 있는 경우} \tag{1.10}$$

$$\Phi_E = \int_S \vec{E} \circ \hat{n}\, da \qquad \vec{E}\text{가 불균일하고 표면 } S\text{ 와 이루는 각도가 가변적인 경우} \tag{1.11}$$

이 수식을 보면 전기 선다발(electric flux)은 스칼라 양이며 단위는 전기장 단위 V/m 에 면적 단위 m^2을 곱하여 나오는 Vm이다. 앞에서는 유체의 흐름에 비유하여 플럭스를 공부했는데, 그러면 전기 선다발을 일종의 입자 흐름으로 볼 수 있을까? 그리고 전기장을 밀도와 속도의 곱이라고 할 수 있을까?

이 질문에 대한 답은 "절대 그렇지 않다"이다. 물리적 비유를 사용하는 이유는 우리가 관심을 두고 있는 두 양(quantity) 사이의 관계에 대해 알고 싶어서이지 각각의 양 그 자체를 파악하기 위함은 아니다. 따라서 어떤 표면에 대해 전기장의 수직성분을 적분하여 전기 선다발을 구할 수 있으므로 '전기 선다발은 입자가 실제 이동하는 것이다'라고 생각해서는 안 된다.

그렇다면 전기 선다발을 어떻게 생각하는 것이 좋을까? 이를 위해 전기장을 장선으로 나타내는 방식을 활용해보자. 이 '장선 방식'에서는 어떤 점의 전기장의 세기가 그 점에서의 장선 사이의 간격으로 표시된다. 좀 더 구체적으로 말하자면 한 점의 전기장의 세기는 그 점의 장선 밀도(즉 그 점의 전기장에 수직인 평면에 존재하는 단위면적당 장선 개수)에 비례한다. 표면 전체에 대해 이 장선 밀도를 적분하면 그 표면을 뚫고 지나가는 장선의 개수를 계산할 수 있는데, 이것이 바로 전기 선다발이다. 따라서 전기 선다발을 다음과 같은 방식으로 정의할 수 있다.

$$\text{전기 선다발}(\Phi_E) \equiv \text{표면을 뚫고 지나가는 장선의 개수}$$

전기 선다발을 어떤 표면을 통과하는 전기 장선의 개수로 생각할 때 주의해야 할 사항이 두 개 있다. 첫 번째로 주의할 점은, 장선은 전기장을 그림으로 나타내기 위해 편의상 고안해낸 것으로 전기장은 실제로는 공간에 연속적으로 분포해있다(즉 공간상의 모든 점(곳)에 존재한다). 어떤 전기장을 나타내는 데 몇 개의 장선을 사용할 것인가는 그리는 사람 마음이다. 그렇지만 이 경우에도 해당 전기장의 세기를 일관성 있게 나타내는 것이 중요한데, 예를 들어 어떤 점의 전기장의 세기가 다른 점의 전기장의 세기의 두 배라면 그 점의 단위면적당 장선의 수는 다른 점보다 두 배 많아야 한다.

두 번째 주의할 점은, 표면에는 수직인 방향이 두 개라는 사실이다. 어떤 표면에 수직인 방향 $\hat{n}$을 어느 한 방향으로 정했으면 이 방향과 같은 방향으로 평행한 장선 성분의 선다발은 + 값(양수)이 되는 반면, 반대 방향으로 평행한(역평행) 장선 성분의 선다발은 − 값(음수)이 된다. 따라서 어떤 표면을 어느 한 방향으로(예를 들어 표면의 윗면에서 아랫면으로) 다섯 개의 장선이 뚫고 지나가고 반대 방향으로(표면의 아랫면에서 윗면으로) 또 다른 다섯 개의 장선이 뚫고 지나가는 경우, 이 표면에 대한 전기 선다발은 0이 된다. 이렇게 되는 이유는 두 그룹의 장선이 선다발에 기여하는 값이 서로 상쇄되기 때문이다. 결국 '어떤 표면을 정해진 방향으로 뚫고 지나가는 알짜 장선 개수가 전기 선다발이다'라고 말할 수 있다.

바로 앞에서 말한 내용을 생각해보면 닫힌표면에 대해 중요한 결론을 내릴 수 있다. [그림 1.8]에는 상자가 세 개 놓여있다. [그림 1.8(a)]를 보면 모든 전기 장선은 상자 바깥에서 출발하여 역시 상자 바깥에서 끝나고 있다. 따라서 상자 속으로 들어간 장선은 모두 상자 바깥으로 빠져 나오고 있으므로 상자(닫힌표면)를 통과하는 선다발은 0이 되어야 한다.

여기서 닫힌표면의 단위 수직 방향은 그 표면으로 둘러싸인 부피의 바깥을 가리키는 방향이다. 따라서 상자 안으로 전기 장선이 들어오는 경우, $\vec{E}$와 $\hat{n}$ 사이의 각도는 90° 보다 크므로 $\vec{E} \circ \hat{n}$은 − 값이 되어 유입 선다발(상자 안으로 들어오는 장선 개수)은 − 값이 된다. 이 − 값은 유출 선다발(상자 밖으로 나가는 장선 개수)과 똑같아서 완전하게 상쇄된다. 이는 유출 선다발에 대해서는 $\vec{E}$와 $\hat{n}$ 사이의 각도가 90° 보다 작으므로 $\vec{E} \circ \hat{n}$은 + 값이 되기 때문이다.

이제 [그림 1.8(b)]의 상자를 살펴보자. 이 상자의 표면을 통과하고 있는 장선들을 보면 상자 바깥에서 출발한 것뿐만 아니라 상자 속에서 출발한 것들도 있다. 이러한 경우에는 장선의 알짜 개수(즉 상자의 알짜 선다발)는 0이 되지 않는다. 상자 바깥에서 출발한 장선들은 서로 상쇄되지만 상자 속에서 출발해서 바깥으로 나가는 장선은 상쇄되지 않고 그대로 남아 알짜 선다발은 + 값이 된다. 따라서 어떤 닫힌표면을 통과하는 선다발이 + 값이면 그 닫힌표면 안에는 장선의 원천(소스,

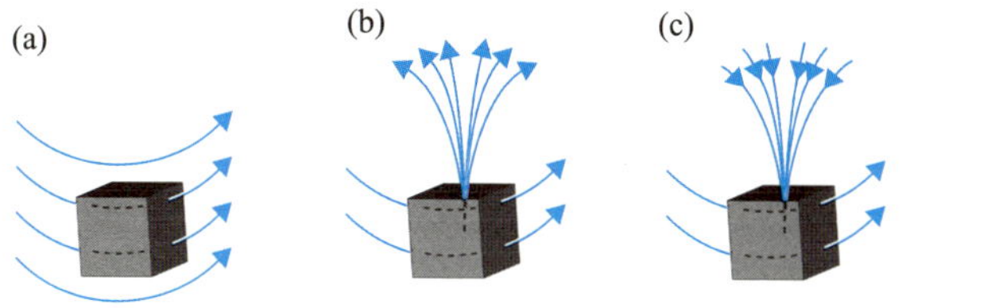

그림 1.8 닫힌표면을 통과하는 선다발

source)이 반드시 들어있다고 확실히 말할 수 있다.

끝으로 [그림 1.8(c)]의 상자를 살펴보자. 상자 바깥에서 출발한 장선들 중에서 일부 장선들은 상자 내부에서 끝나고 있다. 장선은 상자 안으로 들어올 때 통과하는 표면에 대해서는 선다발 값이 − 가 되고 밖으로 빠져 나갈 때 통과하는 표면에 대해서는 선다발 값이 + 가 되는데 들어온 장선이 다시 밖으로 나가지 않으면 − 선다발 값이 + 값에 의해 상쇄되지 않고 남게 된다. 따라서 어떤 닫힌표면을 통과하는 선다발이 − 값이면 그 닫힌표면 안에는 장선의 싱크(sink)가 반드시 들어있다고 확실하게 말할 수 있다. 싱크를 다른 말로 드레인(drain)이라고도 한다.

전하에 의해 생성되는 전기 장선을 그리는 규칙을 떠올려보자. 첫째 규칙에 따르면 전기 장선은 + 전하에서 출발해서 − 전하에서 끝난다. 그러므로 [그림 1.8(b)]에서 밖으로 퍼져나가는 장선이 최초로 출발하는 점은 + 전하(전하량은 정확히 모르지만)가 놓여 있는 위치이다. [그림 1.8(c)]에서 안으로 들어오는 장선이 하나로 모이는 점이 − 전하(전하량은 정확히 모르지만)가 존재하는 위치이다.

이 위치에 놓여 있는 전하의 양이 클수록 그 점에서 시작하거나 끝나는 장선의 개수가 많아지고 따라서 그 점을 둘러싼 표면을 통과하는 선다발 값이 커진다. 이번에는 [그림 1.8(b)]나 [그림 [1.8(c)]의 상자 안에, 같은 양의 + 전하와 − 전하가 함께 들어있다고 가정하자. 그러면 + 전하에 의해 발생하는 + 선다발(유출 선다발)이 − 전하에 의해 발생하는 − 선다발(유입 선다발)과 정확히 상쇄되어 알짜 선다발은 0이 된다. 이 결과는 상자 안에 전하가 존재하지 않는 경우와 같다.

이제 여러분은 가우스 법칙에 담겨 있는 다음의 물리적 개념을 이해했을 것이다. 어떤 닫힌표면을 통해 지나가는 전기 선다발 - 즉 표면을 뚫고 지나가는 전기 장선의 개수 - 은 그 닫힌표면 속에 들어있는 총 전하(알짜 전하)에 비례한다. 이 개념을 실제 문제에 적용하기에 앞서 지금부터는 가우스 법칙의 우변에 대해 살펴보기로 하자.

$q_{내부}$ 내부 전하

앞에서 설명한 선다발의 개념을 알고 있으면 가우스 법칙의 우변이 내부 전하(enclosed charge) – 즉 선다발을 구하는 그 닫힌표면 "내부"에 들어있는 전하 – 가 되어야만 하는 이유를 쉽게 이해할 수 있을 것이다. 간단히 말해, 어떤 닫힌표면 "외부"에 위치한 전하는 그 닫힌표면에 대해 같은 크기의 유입 선다발(– 값)과 유출 선다발(+ 값)을 생기게 하므로 닫힌표면을 통과하는 알짜 선다발은 0이 된다.

어떤 표면 내부에 들어있는 전하는 어떻게 구할 수 있을까? 문제의 유형에 따라서는 [그림 1.9]에 표시한 경우처럼 주어진(알고 있는) 전하를 둘러싸는 표면을 마음대로(이왕이면 단순한 구조로) 잡을 수 있다. 이렇게 할 수 있으면 선택한 닫힌표면 내부에 들어있는 총 전하는 기하학적 구조를 보고 쉽게 구할 수 있다.

임의의 형태를 하고 있는 닫힌표면 내부에 개별 전하들이 불연속적으로 퍼져 있는 경우라면 각 개별 전하들을 단순히 더하는 방식으로 총 전하를 구할 수 있다.

$$\text{총 내부 전하} = \sum_i q_i$$

물리학이나 공학에서는 적은 수의 개별 전하가 분포해 있는 문제를 다루는 경우가 많지만 현실에서는 어떤 전하량을 가진 수십억 개의 입자들이 어떤 도선을 따라 줄지어 있거나 어떤 표면에 흩어져 있거나 어떤 부피에 퍼져있는 문제를 맞닥뜨릴 가능성이 훨씬 높다. 이러한 경우에 개별 전하의 전하량을 하나하나 계산하는 것은 불가능하다. 이때에도 전하 밀도를 알면 총 전하를 구할 수 있다. 전하 밀도는 1차원, 2차원, 3차원으로 표시할 수 있다.

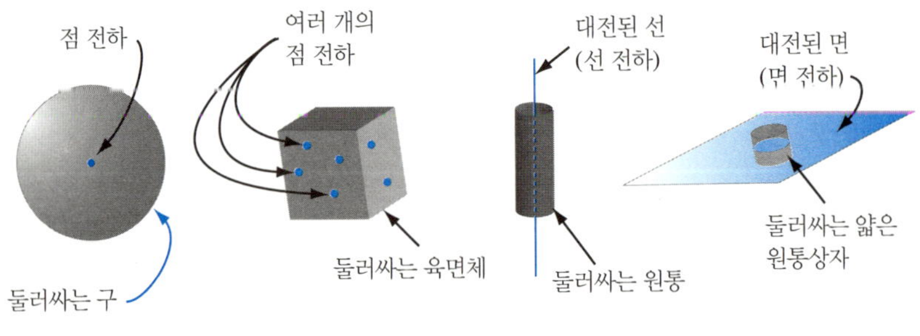

그림 1.9 주어진 전하를 둘러싸는 닫힌표면 육면체

차원	용어	기호	단위
1	선 전하 밀도	λ	C/m
2	면 전하 밀도	σ	C/m^2
3	부피 전하 밀도	ρ	C/m^3

어떤 닫힌표면 내부에서, 이들 1, 2, 3차원 전하밀도가 전체 길이, 전체 면적, 전체 부피에 걸쳐 각각 일정하면 총 내부전하는 다음과 같이 곱셈 한 번으로 구할 수 있다.

$$1\text{차원: } q_{\text{내부}} = \lambda L \quad (L = \text{닫힌표면 내부의 전하를 가진 선의 길이}) \tag{1.12}$$

$$2\text{차원: } q_{\text{내부}} = \sigma A \quad (A = \text{닫힌표면 내부의 전하를 가진 표면의 면적}) \tag{1.13}$$

$$3\text{차원: } q_{\text{내부}} = \rho V \quad (V = \text{닫힌표면 내부의 전하를 가진 부분의 부피}) \tag{1.14}$$

이와는 달리 이들 1, 2, 3차원 전하밀도가 전체 길이, 전체 면적, 전체 부피에 걸쳐 각각 일정하지 않은 상황도 만날 수 있다. 이 경우에는 이번 장의 앞에 나온 "면 적분"에서 설명한 적분 방법을 사용해야 한다.

$$1\text{차원: } q_{\text{내부}} = \int_L \lambda\, dl \quad (\text{여기서 } \lambda \text{ 값은 선 } L\text{의 영역 안에서 위치에 따라 달라진다.}) \tag{1.15}$$

$$2\text{차원: } q_{\text{내부}} = \int_S \sigma\, da \quad (\text{여기서 } \sigma \text{ 값은 표면 } S\text{의 영역 안에서 위치에 따라 달라진다.}) \tag{1.16}$$

$$3\text{차원: } q_{\text{내부}} = \int_V \rho\, dv \quad (\text{여기서 } \rho \text{ 값은 부피 } V\text{의 영역 안에서 위치에 따라 달라진다.}) \tag{1.17}$$

여기서 명심할 것은 전기장에 대한 가우스 법칙에서 내부 전하는 '총' 전하('알짜' 전하)로, 총 전하에는 자유 전하(free charge)는 물론 속박 전하(bound charge)가 모두 포함된다는 사실이다. 속박 전하에 대해서는 다음 절(자유공간의 유전율)을 설명할 때 함께 다룬다. 부록에는 지금 살펴보는 가우스 법칙과는 약간 다르게 자유 전하만 고려해도 되는 가우스 법칙이 실려 있다.

임의의 크기와 모양을 가진 닫힌표면 내부에 들어있는 전하를 일단 구하고 나면 그 닫힌표면을 통과하는 선다발을 구하는 것은 아주 쉬워서, 내부 전하를 자유공간의 유전율 ε_0로 나누기만 하면 된다. 지금부터 자유공간의 유전율의 물리적 의미에 대해 설명하기로 한다.

ε_0 자유공간의 유전율

가우스 법칙 수식을 보면 좌변에 있는 전기 선다발과 우변에 있는 내부전하 사이의 비례상수가 자유공간의 유전율 ε_0이다. 어떤 물질에 외부에서 전기장이 가해질 때 그 물질의 반응을 결정하는 것이 해당 물질의 유전율이다. 전도성이 없는 물질(절연체 또는 유전체) 속에서는 전하가 자유롭게 움직이지 못하지만 외부에서 가해진 전기장의 영향으로 전하들의 위치가 평형 상태(외부 전기장이 없는 상태)에서 벗어나 약간 틀어진다. 전기장용 가우스 법칙에 들어있는 유전율은 자유공간의 유전율(진공의 유전율)로 여기에는 아래첨자로 영(0)을 붙인다.

국제 표준 단위(SI unit)로 진공의 유전율 값은 약 8.85×10^{-12} C/(Vm)이다. C/(Vm) 단위 대신 F/m 또는 $C^2s^2/(kg\ m^3)$ 으로 나타낼 수도 있다. 자유공간의 유전율을 좀 더 정확하게 나타내면 다음과 같다.

$$\varepsilon_0 = 8.8541878176 \times 10^{-12}\ \mathrm{C/Vm}$$

가우스 법칙에 자유공간의 유전율이 들어 있는 것을 보니 이 가우스 법칙은 진공(자유공간)에서만 성립하는 것이 아닐까? 그렇지 않다. 1장에서 다루는 가우스 법칙은 일반적인 법칙으로 자유공간뿐만 아니라 유전체 내부의 전기장에 대해서도 적용된다. 단 물질의 원자에 속박되어 있는 전하까지 포함하여 닫힌표면속에 들어있는 모든 종류의 전하가 내부전하가 되어야 한다.

속박전하의 영향을 알아보기 위해 [그림 1.10]과 같이 전기장이 존재하는 공간에 유전체를 가져다 놓으면 유전체에 어떤 현상이 생기는지 살펴보자. 이렇게 하면 일반적으로 유전체 내부의 총 전기장의 크기는 외부 전기장의 크기보다 작아진다.

이는 유전체에 외부에서 전기장이 인가되면 유전체가 편극(polarization, 극갈

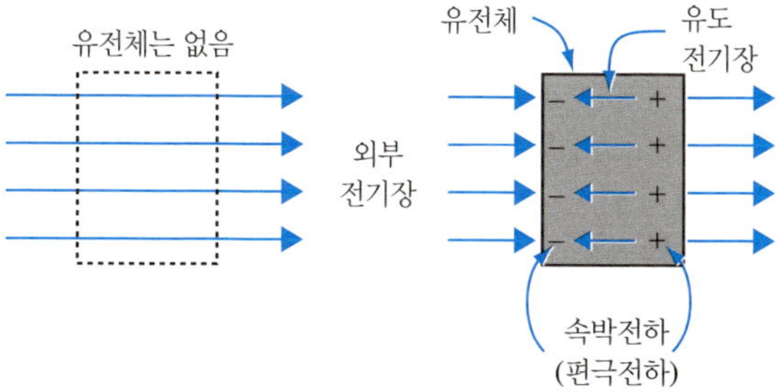

그림 1.10 유전체 내부에 유도되는 전기장

림)되기 때문이다. 여기서 편극이란 유전체를 구성하는 원자 속의 + 전하와 − 전하가 원래 위치에서 벗어나 움직이는 현상을 뜻한다. 이때 + 전하는 외부 전기장의 방향과 같은 방향으로 이동하고 − 전하는 그 반대 방향으로 이동한다.[7] 이렇게 위치가 달라져 형성된 + 전하와 − 전하는 전기장을 생성하는데, [그림 1.10]에서 보듯이 이 전기장의 방향은 외부 전기장을 거스르는 방향이다. 이 때문에 유전체 내부의 총 전기장(알짜 전기장)은 외부 전기장보다 크기가 작아진다.

외부 전기장의 크기를 감소시키는 유전체의 이러한 능력을 응용한 가장 대표적인 예로 커패시터를 들 수 있다. 유전체를 사용하면 커패시터의 커패시턴스와 최대 동작 전압이 증가한다. 두 개의 나란한 평평한 판으로 이루어진 평행판 커패시터(parallel plate capacitor)의 커패시턴스(전하를 저장하는 능력)는 다음과 같다.

$$C = \frac{\varepsilon A}{d}$$

여기서 A는 평판의 면적, d는 두 평판 사이의 간격, ε은 두 평판 사이에 들어있는 물질의 유전율이다. 두 판 사이에 유전율이 높은 물질을 끼워 넣으면 판의 면적을 크게 하거나 두 판 사이의 간격을 줄이지 않고도 커패시턴스를 증가시킬 수 있다.

유전체의 유전율을 표시할 때는 상대 유전율(relative permittivity)을 사용하는 것이 보통이다. 상대 유전율은 다음과 같이 자유공간의 유전율을 기준으로 몇 배가 되는지 나타내는 비이다.

$$\text{상대 유전율 } \varepsilon_r = \frac{\varepsilon}{\varepsilon_0}$$

책에 따라서는 상대 유전율 대신 유전 상수(dielectric constant)라는 용어를 사용하기도 하는데, 유전율 값은 주파수에 따라 변하므로 '상수'라는 말은 유전율과 함께 사용하지 않는 편이 바람직하다. 예를 들어, 얼음의 상대 유전율은 1 kHz 이하

7 [옮긴이] 유전체(절연체)를 구성하는 공 모양의 원자를 보면 중심에는 + 전하를 띠고 있는 원자핵이, 그 둘레에는 같은 양의 총 − 전하를 띠고 있는 전자들이 분포해있다. 평형상태에서는 원자핵의 중심과 전자들의 중심이 일치하므로 + 전하와 − 전하의 영향이 서로 상쇄되어 전기적으로 중성이다. 그러나 외부에서 전기장이 가해지면 원자핵과 전자들이 서로 반대로 움직여 중심이 서로 어긋나므로 + 전하와 − 전하가 상쇄되지 않는다. 그러면 상쇄되지 않고 남은 + 전하(원자핵)와 − 전하(전자들) 사이에 전기장이 발생하는데, 이 전기장이 외부 전기장과 정확히 균형을 이루면 두 전하는 서로 더 멀어지지 않고 움직임을 멈춘다. 이처럼 이 두 전하는 원자 속에서만 약간 움직일 수 있을 뿐이므로 속박전하(bound charge)라고 부른다. 편극에 대한 자세한 설명은 '기초 전자기학(원서: Introduction to Electrodynamics, 3rd Ed.), Griffiths 저, 김진승 역, 4장)'을 참조하기 바란다.

의 주파수에서는 약 81이지만 1 MHz 이상의 주파수에서는 5정도까지 낮아진다. 대체로 유전 상수라는 용어로 표현하는 유전율은 낮은 주파수 범위에서의 유전율 값이다.

유전율에 대해서는 추가로 알아두어야 할 중요한 내용이 있다. 어떤 매질의 유전율은 그 매질을 통해 전파하는 전자기파의 속도를 결정짓는 근본 파라미터이다. 이에 대해서는 5장에서 자세히 살펴본다.

$\oint_S \vec{E} \circ \hat{n}\, da = q_{내부}/\varepsilon_0$ 가우스 법칙(적분형) 적용하기

가우스 법칙과 같이 어떤 방정식을 배운 다음에 그 방정식을 잘 이해하고 있는지 확인하는 좋은 방법은 해당 방정식을 적절한 상황에 실제 적용하여 문제를 풀어보는 것이다. 현 시점에서 여러분은 가우스 법칙이 '어떤 전하와, 그 전하를 둘러싸고 있는 어떤 닫힌표면을 통해 밖으로 빠져 나오는 전기 선다발 사이의 관계를 나타내는 방정식'임을 확실히 알고 있어야 한다. 지금부터 몇 가지 예제를 살펴보면서 이러한 내용을 담고 있는 가우스 법칙을 사용하여 어떻게 문제를 풀 수 있는지 알아보자.

예제 1.1 전하분포가 주어질 때, 그 전하분포를 둘러싸고 있는 닫힌표면을 통과하는 전기 선다발 구하기

문제 아래 그림과 같이 원통 모양의 닫힌표면 S 속에 다섯 개의 점 전하가 들어있다. 각 전하의 전하량이 $q_1 = +3$ nC, $q_2 = -2$ nC, $q_3 = +2$ nC, $q_4 = +4$ nC, $q_5 = -1$ nC 일 때 표면 S 를 통과하는 총 전기 선다발을 구하라.

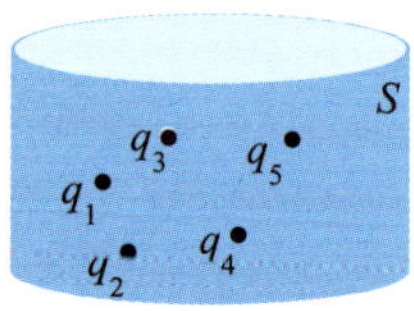

풀이 가우스 법칙을 수식으로 쓰면 다음과 같다.

$$\Phi_E = \oint_S \vec{E} \circ \hat{n}\, da = \frac{q_{내부}}{\varepsilon_0}$$

이 문제처럼 개별 점 전하가 불연속적으로 분포해 있는 경우, 총 전하는 개별 전하의 전하량을 단순히 더하기만 하면 된다.

$$\begin{aligned} q_{내부} = \text{총 내부전하} &= \sum_i q_i \\ &= (3 - 2 + 2 + 4 - 1) \times 10^{-9}\,\text{C} \\ &= 6 \times 10^{-9}\,\text{C} \end{aligned}$$

그러면 전기 선다발은 다음과 같이 구할 수 있다.

$$\Phi_E = \frac{q_{내부}}{\varepsilon_0} = \frac{6 \times 10^{-9}\,\mathrm{C}}{8.85 \times 10^{-12}\,\mathrm{C/Vm}} = 678\ \mathrm{Vm}$$

여기서 닫힌표면이 원통이 아닌 어떤 형태가 되어도 이 다섯 개의 점 전하를 감싸기만 하면 그 표면을 통과하는 전기 선다발은 이 값과 동일하다.

예제 1.2 닫힌표면을 통과하는 전기 선다발이 주어질 때, 그 닫힌표면 내부의 전하량 구하기

문제 아래 그림과 같이 선 전하 밀도가 $\lambda = 10^{-12}$ C/m인 선 전하가 어떤 구(공)의 중심을 관통하고 있다. 이 구의 표면을 통과하는 전기 선다발이 1.13×10^{-3} Vm일 때, 구의 반지름 R을 구하라.

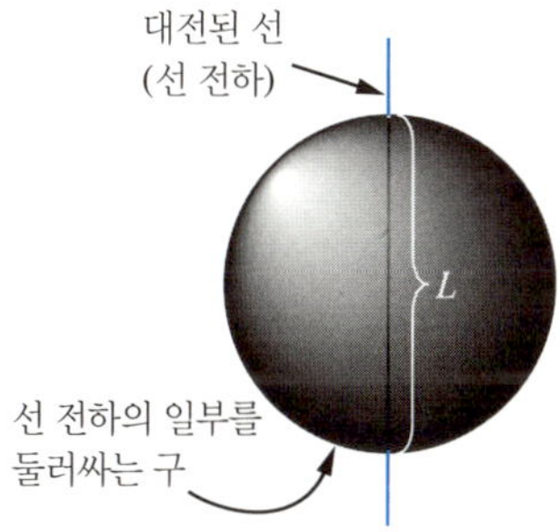

풀이 이 선 전하의 길이를 L 이라고 하면 선 전하의 총 전하량은 $q = \lambda L$이다. 따라서 다음 관계가 성립한다.

$$\Phi_E = \frac{q_{내부}}{\varepsilon_0} = \frac{\lambda L}{\varepsilon_0}$$

따라서

$$L = \frac{\Phi_E \varepsilon_0}{\lambda}$$

이다.

L은 구의 반지름 R의 두 배이므로

$$2R = \frac{\Phi_E \varepsilon_0}{\lambda} \quad \text{또는} \quad R = \frac{\Phi_E \varepsilon_0}{2\lambda}$$

이 된다. 따라서 구의 반지름은 다음과 같다.

$$R = \frac{\Phi_E\,\varepsilon_0}{2\lambda} = \frac{1.13 \times 10^{-3}\ \mathrm{Vm} \cdot 8.85 \times 10^{-12}\ \mathrm{C/(Vm)}}{2 \cdot 10^{-12}\ \mathrm{C/m}} = 5 \times 10^{-3}\ \mathrm{m}$$

예제 1.3 닫힌표면의 특정 부분을 통과하는 전기 선다발 구하기

문제 점 전하 q가 어떤 구의 중심에 놓여 있다. 이 구의 표면 중에서 $\theta_1 \le \theta \le \theta_2$, $\phi_1 \le \phi \le \phi_2$로 정의되는 표면을 통과하는 전기 선다발을 구하라.

풀이 이 문제에서 다뤄야 할 표면은 닫힌 구 표면의 일부를 이루고 있는 열린표면이다. 따라서 이 열린표면에 대해 이 표면을 통과하는 전기장의 수직성분을 적분해서 전기 선다발을 구해야 한다. 이렇게 구한 결과가 정확한지 가우스 법칙을 사용하여 검사할 수 있다. 즉 점 전하를 완전히 둘러싸도록 열린표면을 확장시켜 구의 전체표면이 되게 만들어 가우스 법칙과 일치하는지 확인한다.

전기 선다발 Φ_E는 $\int_S \vec{E} \circ \hat{n}\, da$ 이다. 여기서 S는 구의 일부인 열린표면이고 $\vec{E}$는 구의 중심에 위치한 점 전하에 의해 그 표면에 생성된 전기장이며 r은 구의 중심과 표면 사이의 거리이다. [표 1.1]로부터 점 전하에서 r 만큼 떨어진 거리의 전기장은 다음과 같다.

$$\vec{E} = \frac{1}{4\pi\varepsilon_0}\frac{q}{r^2}\hat{r}$$

이 전기장을 열린표면 S에 대해 적분하기 전에 $\vec{E} \circ \hat{n}$을 구해야 한다. 다시 말해 열린표면에 수직인 전기장 성분을 먼저 구해야 한다. 이 경우에는 [그림 1.11]에 표시한 것처럼 열린표면에 대한 단위 수직 벡터 $\hat{n}$이 반지름 방향($\hat{r}$ 방향)과 같으므로 전기장의 수직 성분을 아주 쉽게 구할 수 있다. 결국 $\vec{E}$와 $\hat{n}$의 방향이 같으므로(평행이므로) 전기 선다발은 다음과 같이 주어진다.

$$\Phi_E = \int_S \vec{E} \circ \hat{n}\, da = \int_S |\vec{E}||\hat{n}| \cos(0^\circ)\, da = \int_S |\vec{E}|\, da = \int_S \frac{1}{4\pi\varepsilon_0}\frac{q}{r^2}\, da$$

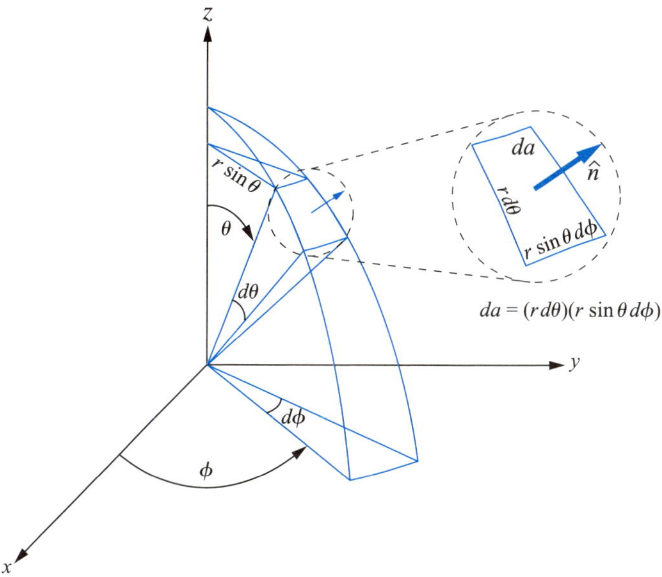

그림 1.11 구 표면의 미소면적 요소

적분 영역이 구 표면의 일부이므로 좌표계로는 구 좌표계를 사용하는 편이 합리적이다. 구 좌표계에서 미소면적 da는 $r^2 \sin\theta\, d\theta\, d\phi$ 이므로 이 적분은 다음과 같이 쓸 수 있다.

$$\Phi_E = \int_\theta \int_\phi \frac{1}{4\pi\varepsilon_0} \frac{q}{r^2} r^2 \sin\theta\, d\theta\, d\phi = \frac{q}{4\pi\varepsilon_0} \int_\theta \sin\theta\, d\theta \int_\phi d\phi$$

이 적분은 쉽게 계산할 수 있다. 계산 결과는 다음과 같다.

$$\Phi_E = \frac{q}{4\pi\varepsilon_0} (\cos\theta_1 - \cos\theta_2)(\phi_2 - \phi_1)$$

풀이 결과가 맞는지 검사하기 위해 여기서 다룬 구의 일부표면을 전체표면으로 확장해보자. 이를 위해 풀이 결과에 $\theta_1 = 0, \theta_2 = \pi, \phi_1 = 0, \phi_2 = 2\pi$ 을 대입하면

$$\Phi_E = \frac{q}{4\pi\varepsilon_0} (1 - (-1))\ (2\pi - 0) = \frac{q}{\varepsilon_0}$$

가 되어 가우스 법칙으로 예측한 결과와 정확히 일치한다.

예제 1.4 표면에서 $\vec{E}$ 가 주어질 때 그 표면을 통과하는 전기 선다발과 그 표면 속에 들어있는 전하량 구하기

문제 선 전하 밀도가 λ인 무한길이 선 전하로부터 r 만큼 떨어진 거리에서 전기장은 [표 1.1]로부터 다음 식으로 쓸 수 있다.

$$\vec{E} = \frac{1}{2\pi\varepsilon_0}\frac{\lambda}{r}\hat{r}$$

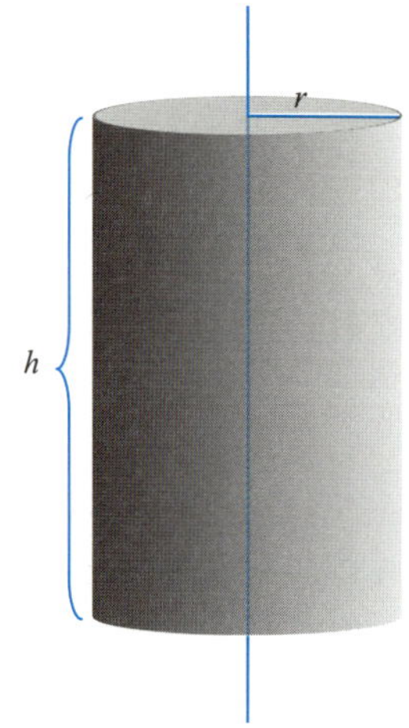

아래 그림과 같이 이 선 전하가 반지름이 r이고 높이가 h인 원통의 중심축을 관통하고 있다. 위의 수식을 사용하여 이 원통을 통과하는 전기 선다발을 구하라. 또 가우스 법칙을 이용하여 원통이 둘러싸는 전하량이 λh 임을 증명하라.

풀이 이와 같은 문제는 원통을 이루고 있는 세 개의 표면 – 평평한 윗면과 아랫면, 굽은 옆면 – 을 각각 통과하는 전기 선다발을 구해 합하는 방법을 사용하는 것이 가장 좋다. 표면 S 를 통과하는 전기 선다발을 구하는 식

$$\Phi_E = \int_S \vec{E} \circ \hat{n}\, da$$

에 선 전하에 의한 전기장 식을 대입하면 다음과 같이 쓸 수 있다.

$$\Phi_E = \int_S \frac{1}{2\pi\varepsilon_0}\frac{\lambda}{r}\hat{r} \circ \hat{n}\, da$$

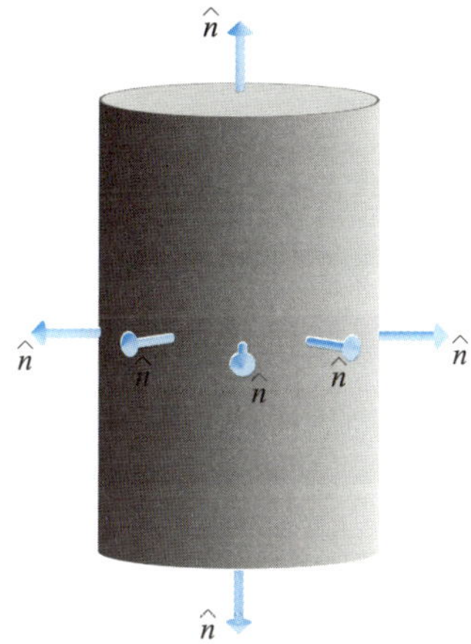

이제 세 표면에 대해 각각의 단위 수직 벡터를 살펴보자. 선 전하에 의해 발생하는 전기장은 원통의 축으로부터 반지름 방향으로 바큇살처럼 퍼져 나간다. 따라서 원통의 위쪽 표면과 아래쪽 표면의 단위 수직 벡터는 $\vec{E}$의 방향과 수직이다. 또한 원통 옆쪽의 굽은 표면에서의 단위 수직 벡터의 방향은 $\vec{E}$와 서로 같다(평행이다). 따라서 세 표면을 통과하는 전기 선다발은 다음과 같이 쓸 수 있다.

$$\Phi_{E,\text{위}} = \int_S \frac{1}{2\pi\varepsilon_0}\frac{\lambda}{r}\hat{r} \circ \hat{n}_{\text{위}}\, da = 0$$

$$\Phi_{E,\text{아래}} = \int_S \frac{1}{2\pi\varepsilon_0}\frac{\lambda}{r}\hat{r} \circ \hat{n}_{\text{아래}}\, da = 0$$

$$\Phi_{E,\text{옆}} = \int_S \frac{1}{2\pi\varepsilon_0}\frac{\lambda}{r}\hat{r} \circ \hat{n}_{\text{옆}}\, da = \frac{1}{2\pi\varepsilon_0}\frac{\lambda}{r}\int_S da$$

원통 옆면의 면적 $2\pi rh$ 을 대입하면 원통 옆면을 통과하는 전기 선다발은 다음과 같다.

$$\Phi_{E,\text{옆}} = \frac{1}{2\pi\varepsilon_0}\frac{\lambda}{r}(2\pi rh) = \frac{\lambda h}{\varepsilon_0}$$

가우스 법칙에 따라 이 전기 선다발 값은 $q_{\text{내부}}/\varepsilon_0$ 와 같아야 한다. 따라서 원통 내부 전하는 $q_{\text{내부}} = \lambda h$ 임이 증명된다.

예제 1.5 전하 분포에 대칭성이 있을 때 전기장 $\vec{E}$ 구하기

가우스 법칙을 이용해서 전기장을 구하기란 불가능하다고 볼 수 있다. 전기장이 가우스 법칙 수식 속에 들어있기는 하지만 점곱에 의해 단지 전기장의 수직 성분만을 구한 다음에 전체표면에 대해 이 수직성분을 적분하여 얻는 값은 내부전하에 비례하는 값일 뿐이다. 가우스 법칙의 적분 수식 내부에 들어있는 전기장을 적분기호 밖으로 온전히 꺼낼 수 있는 경우는 없을까?

다행스럽게도 이러한 경우를 찾을 수 있다. 비록 대칭을 잘 이루고 있는 경우로 제한되긴 하지만 가우스 법칙을 사용하여 전기장을 구할 수 있다. 좀 더 명확히 말하자면, 주어진(알고 있는) 어떤 전하분포를 둘러싸는 "특수 가우스 표면"을 만들 수 있는 경우에는 이 전하분포에 의한 전기장을 구할 수 있다. 여기서 특수 가우스 표면이란 다음 조건을 만족하는 표면을 말한다.

(1) 표면의 모든 점에서 전기장의 방향은 표면과 수직이거나 평행하다(이 조건이 충족되면 점곱이 단순한 곱셈으로 바뀐다).

(2) 표면의 모든 점에서 전기장의 크기는 일정하거나 0이다(이 조건이 충족되면 전기장을 적분기호 밖으로 꺼낼 수 있다).

물론 임의의 형태를 가지고 있는 전하분포의 경우에는 이를 둘러싸는 표면을 모든 상상력을 다 동원해서 어떻게 만들어 봐도 전기장이 이러한 두 조건을 만족하지 않을 것이다. 그러나 전하 분포가 대칭을 잘 이루고 있는 경우에는 이러한 조건을 충족하는 "특수 가우스 표면"을 만들어낼 수 있다. 구체적으로 말해보면 구형(공 모양) 전하 분포, 무한길이 전하, 무한크기 평면 전하가 각각 생성하는 전기장은 적분형 가우스 법칙을 적용하여 곧바로 구할 수 있다. 또한 전하 분포를 이러한 세 가지 이상적인 조건이나 이들 조건의 조합으로 근사시킬 수 있는 경우에도 가우스 법칙을 이용하여 전기장을 구할 수 있다.

지금부터 가우스 법칙을 적용하여 구형 전하분포에 의해 발생하는 전기장을 구하는 방법을 알아보자. 연습문제를 보면 다른 형태의 전하분포에 의해 발생하는 전기장을 구하는 문제가 수록되어 있다. 연습문제의 해답은 이 책의 웹사이트에서 찾아볼 수 있다.

문제 반지름이 a인 구(공)에 전하가 부피 전하밀도 ρ로 균일하게 분포하고 있다. 구의 중심에서 r 만큼 떨어진 거리의 전기장을 가우스 법칙을 이용하여 구하라.

풀이 먼저 구 외부 영역에서 전기장을 구해보자. 이 전하분포는 구 대칭이므로 잘 따져보면 전기장은 반지름 방향(다시 말해, 구의 중심으로부터 밖으로 뻗어나가거나 안으로 들어오는) 성분만을 갖는다. 이것이 잘 이해되지 않으면 전기장이 반지름 방향이 아닌 성분(즉 $\hat{\theta}$ 또는 $\hat{\phi}$ 성분)을 가질 때 어떤 일이 생기는지 알아보자. 이 경우에는 구를 임의의 축을 중심으로 회전시키면 전기장의 $\hat{\theta}$나 $\hat{\phi}$성분이 달라지므로 전기장의 방향이 바뀐다. 그런데 전하는 구 전체에 균일하게 퍼져 있으므로 방향(θ와 ϕ)이 달라져도 전하 분포에는 아무런 변화도 생기지 않는다. 다시 말해 구가 회전함에 따라 어느 한 부분의 전하 덩어리가 회전하면 다른 부분의 전하 덩어리가 그 자리를 완전히 똑같이 대체하므로 전기장에 어떤 영향도 미칠 수 없다. 따라서 구 대칭 전하분포에 의해 발생하는 전기장은 반지름 방향 성분($\hat{r}$ 성분)만을 가질 수밖에 없다는 결론에 도달한다.

가우스 법칙을 사용하여 이 반지름 성분만을 갖는 전기장을 구하기 위해 특수 가우스 표면의 조건을 충족하는 표면을 만들어보자. 이 표면 전체에서 $\vec{E}$의 방향은 표면에 수직이거나 평행해야 하고 $\vec{E}$의 크기는 역시 표면 전체에서 균일해야 한다. 전기장 $\vec{E}$가 반지름 방향 성분만을 가지고 있으므로 이 조건을 충족하는 표면은 단 하나뿐인데, 이를 [그림 1.12]에 나타내었다. 즉 특수 가우스 표면은 전하를 가진 구와 중심이 일치하는 구의 표면이다. 특수 가우스 표면으로 사용되는 이 구가 실제로 존재하는 표면일 필요는 없다. 이 구는 가우스 법칙 속에서 점곱을 계산하고 전기장을 적분 바깥으로 빼내는 데 이용하기 위해 순전히 가상으로 만든 것이다.

반지름 성분만을 갖는 전기장은 특수 가우스 표면인 구 표면 위의 모든 점에서 표면과 수직을 이루므로 가우스 법칙의 피적분 함수인 $\vec{E} \circ \hat{n}$ 항은 $|\vec{E}||\hat{n}| \cos(0°)$ 이 된다. 따라서 가우스 표면 S 에 대해 전기 선다발을 계산하면 다음과 같다.

$$\Phi_E = \oint_S \vec{E} \circ \hat{n}\ da = \oint_S |\vec{E}|\ da$$

$\vec{E}$는 θ나 ϕ에 의존하지 않으므로(즉 $\vec{E}$값은 θ나 ϕ값이 변해도 달라지지 않고 일정하므로) 표면 S 의 모든 점에서 일정하다. 따라서 $\vec{E}$를 적분기호 바깥으로 빼낼 수 있다.

$$\Phi_E = \oint_S |\vec{E}|\ da = |\vec{E}| \oint_S\ da = |\vec{E}|(4\pi r^2)$$

여기서 r은 특수 가우스 표면인 구의 반지름이다. 이제 가우스 법칙을 사용하여 다음과 같이 전기장 값을 구할 수 있다.

$$\Phi_E = |\vec{E}|(4\pi r^2) = \frac{q_{내부}}{\varepsilon_0}$$

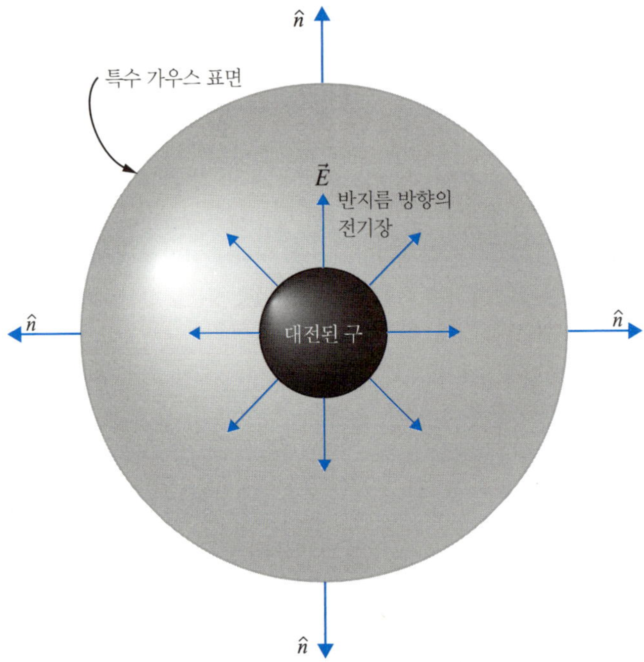

그림 1.12 대전된 구를 둘러싸는 특수 가우스 표면

$$|\vec{E}| = \frac{q_{내부}}{4\pi\varepsilon_0 r^2}$$

여기서 $q_{내부}$는 가우스 표면 속에 들어있는 내부전하이다. 이 결과 식을 사용하면 전하 구 외부 영역과 내부 영역에서의 전기장을 구할 수 있다.

먼저 전하 구 외부 영역에서 전기장을 구해보자. 이를 위해 가우스 표면인 구의 반지름 r을 $r > a$이 되도록 하여 전하 구 전체가 가우스 표면인 구의 내부에 포함되게 한다. 이렇게 하면 내부전하 $q_{내부}$는 전하밀도에 전하 구의 전체 부피를 곱한 값인 $q_{내부} = (4/3)\pi a^3\rho$가 된다. 이 값을 위 식에 대입하면 전기장을 다음과 같이 쓸 수 있다.

$$|\vec{E}| = \frac{(4/3)\pi a^3 \rho}{4\pi\varepsilon_0 r^2} = \frac{\rho a^3}{3\varepsilon_0 r^2} \text{ (구의 외부)}$$

다음으로 전하 구 내부 영역에서 전기장을 구해보자. 이를 위해 가우스 표면인 구의 반지름 r을 $r < a$가 되도록 한다. 이렇게 하면 내부전하 $q_{내부}$는 전하밀도에 가우스 표면의 부피를 곱한 값인 $q_{내부} = (4/3)\pi r^3\rho$가 된다. 이 값을 위 식에 대입하면 전기

장을 다음과 같이 쓸 수 있다.

$$|\vec{E}| = \frac{(4/3)\pi r^3 \rho}{4\pi\varepsilon_0 r^2} = \frac{\rho r}{3\varepsilon_0} \text{ (구의 내부)}$$

특수 가우스 표면을 사용하여 전기장을 구하는 데 성공하려면 전하분포를 고려하여 적합한 모양의 가우스 표면을 선택하고 전기장을 구하려는 점(위치)에 맞추어 가우스 표면의 크기를 조정하도록 한다.

1.2 미분형 가우스 법칙

전기장용 가우스 법칙을 적분형으로 표현한 수식은 어떤 닫힌표면을 통과하는 전기 선다발과 그 닫힌표면 내부에 들어있는 전하 사이의 관계를 나타낸다. 적분형 가우스 법칙은 미분형으로 표현할 수 있다. 이처럼 전기장용 가우스 법칙을 포함하여 맥스웰 방정식의 모든 수식은 적분형과 미분형으로 모두 표현할 수 있다.

전기장용 가우스 법칙의 미분형은 다음과 같다.

$$\vec{\nabla} \circ \vec{E} = \frac{\rho}{\varepsilon_0}$$ 전기장용 가우스 법칙(미분형)

수학적으로 설명하면 이 방정식의 좌변은 전기장의 발산(divergence)이다. 발산이란 어떤 한 점(특정 위치)에서 장(field)의 유출(퍼져나감)이 얼마큼 있는지 나타내는 척도이다. 방정식의 우변은 전하 밀도를 자유공간의 유전율로 나눈 값이다.

지금 당장 발산을 나타내는 델 연산자($\vec{\nabla}$)에 대해 잘 모른다고 해서 걱정할 필요는 없다. 이에 대해서는 바로 다음 절에서 자세히 다룬다. 지금 중요한 것은 미분형 가우스 법칙의 의미를 확실히 이해하는 것이다.

> 전하가 생성하는 전기장은 + 전하에서는 발산하고(diverge, 흘러 나가고) − 전하에서는 수렴한다(converge, 흘러 들어온다).

다시 말해 전하가 존재하는 점(위치)에서 전기장의 발산 값은 0이 아니다. + 전하가 존재하는 위치에서 발산 값은 + 값(양수)이 되며, 이는 그 위치에는 전기장이 흘러 나가는 경향이 있음을 의미한다. − 전하가 존재하는 점의 발산 값은 − 값(음수)이 되며, 이는 그 점에서는 전기 장선이 그 점으로 흘러 들어오는 경향이 있음을 뜻한다.

미분형 가우스 법칙과 적분형 가우스 법칙 사이에는 근본적인 차이점이 있음을 알아두어야 한다. 미분형은 공간상의 각각의 "점"(point)에서 발산과 전하밀도를 다루는 반면, 적분형은 어떤 "표면"(surface)에 대해 전기장의 수직성분의 적분을 수행한다. 여러분이 해결하려고 하는 문제에 따라 미분형과 적분형 가운데 어느 하나가 더 적합하므로 두 가지 형태를 모두 잘 알아 두어야 한다.

전기장용 가우스 법칙의 미분형에 대해 잘 이해할 수 있도록 다음 그림에 수식을 구성하는 각 기호의 의미를 설명하였다.

델 연산자는 벡터 연산자 임을 꼭 알아둘 것

전기장은 벡터임을 꼭 알아둘 것

전하밀도(단위는 C/m^3)

$$\vec{\nabla} \circ \vec{E} = \frac{\rho}{\varepsilon_0}$$

델(del) 또는 나블라 (nabla)라고 부르는 미분 연산자

전기장(단위는 N/C)

자유공간의 유전율

델 연산자에 점곱이 이어지면 발산이 됨

지금부터 미분형 가우스 법칙을 어디에 쓸 수 있는지 알아보자. 어떤 특정 위치(점)에서 전기장 벡터가 주어질 때(알고 있을 때), 미분형 법칙을 사용하면 그 점의 부피 전하밀도를 구할 수 있다. 또한 부피 전하밀도를 알고 있을 때 이 법칙을 사용하여 전기장의 발산을 구할 수 있다.

$\vec{\nabla}$ 나블라: 델 연산자

그리스 문자의 대문자 델타(Δ)를 위아래로 뒤집어 만든 이 기호는 네 개의 맥스웰 방정식에 모두 들어있다. 이 기호는 벡터 미분 연산자로 "나블라(nabla)" 또는 "델(del)"이라고 한다. 이 연산자는 연산자에 연이어 나오는 양, 즉 피연산자에 대해 미분 연산을 수행한다. 델 연산자 다음에 붙는 기호에 따라 피연산자에 작용하는 벡터 미분의 종류(발산, 회전, 기울기)가 달라진다. "$\vec{\nabla}\circ(\ )$"는 ( )의 발산을, "$\vec{\nabla}\times(\ )$"은 ( )의 회전(curl)을, "$\vec{\nabla}(\ )$"은 ( )의 기울기(gradient)를 계산한다. 이들 연산에 대한 상세한 내용은 잠시 뒤에 살펴보기로 하고 일단 여기서는 연산자란 무엇이고 델 연산자를 직각좌표계에서 어떻게 나타내는지 알아보자.

다른 수학 연산자와 마찬가지로 델 연산자는 연이어 따라 나오는 피연산자에 대해 자신의 고유 작용을 수행한다. 예를 들어 $\sqrt{\ \ }$ 연산자는 그 기호 밑에 들어오는 피연산자의 제곱근을 취한다. 이와 마찬가지 방식으로 $\vec{\nabla}$ 연산자는 공간상의 세 방향으로 피연산자의 미분을 취한다. 이를 수식으로 나타내면 다음과 같다.

$$\vec{\nabla} \equiv \hat{i}\frac{\partial}{\partial x} + \hat{j}\frac{\partial}{\partial y} + \hat{k}\frac{\partial}{\partial z} \tag{1.18}$$

여기서 $\hat{i}, \hat{j}, \hat{k}$ 는 직각좌표계에서 각각 x, y, z 방향의 단위 벡터이다. 이 수식은 미분 연산이 작용되는 피연산자가 빠져 있는 형식으로 되어 있어서 좀 이상하게 보일 수도 있다. 전기장용 가우스 법칙의 미분형을 보면 델 연산자와 전기장 벡터 $\vec{E}$ 사이에 도트(점, ∘)를 붙여서 $\vec{E}$의 발산을 나타내고 있다. 지금부터 발산 연산과 계산 방법에 대해 알아보자.

$\vec{\nabla}\circ$ 델-점곱: 발산

발산은 물리학과 공학의 많은 분야에서 사용되는 중요한 개념으로 특히 벡터 장의 특성 및 작용을 분석하는 데 활용된다. 맥스웰(James Clerk Maxwell)은 – 전하(음전하)가 위치한 점들을 향해 흐르는 전기 장선의 흐름율을 측정하는 수학 연산을 처음으로 만들고 여기에 "수렴"(convergence)이라는 용어를 붙였다(이렇게 하면 – 전하로 모여드는 전기 장선의 "흐름"에 대한 수렴값은 + 값이 된다). 이로부터 몇 년 뒤 헤비사이드(Oliver Heaviside)는 맥스웰이 측정한 양에 – 부호를 붙이고 이를 "발산"(divergence)이라는 용어로 부르자고 제안했다. 이렇게 하면 + 전하(양전하)로부터 퍼져 나가는 전기 장선의 "흐름"에 대한 발산 값은 + 값이 된다.

선다발(플럭스)과 발산은 둘 다 벡터 장의 흐름을 다루는 것이지만 둘 사이에는 중요한 차이점이 있다. 선다발은 어떤 면적(area, 표면)에 대해 정의되는 것인 반면, 발산은 각각의 점(point, 위치)에 적용되는 것이다. 유체의 흐름을 예로 들어보면, 어떤 점에서 유체의 발산은 그 점으로부터 유체의 흐름 벡터가 어느 정도 밖으로 나가는지(다시 말해, 그 점으로 유입되는 물질보다 유출되는 물질이 얼마나 많은지) 측정하는 척도이다. 그러므로 발산 값이 + 인 점은 "원천"(source, 유체인 경우에는 수도꼭지(급수전), 정전기학에서는 + 전하)이고 발산 값이 – 인 점은 "싱크"(sink, 유체인 경우에는 수채 구멍(하수구), 정전기학에서는 – 전하)이다.

관심 대상인 어떤 점의 발산을 수학적으로 정의해보자. 먼저 그 대상 점(point)을 둘러싸는 닫힌표면 S를 만들고 그 미소 표면을 통과하는 벡터 장 $\vec{A}$의 선다발(플럭스)을 생각해보자. 먼저 표면 S를 통과하는 벡터 $\vec{A}$의 선다발을 그 닫힌표면으로 만들어지는 부피 ΔV로 나눈다. 여기서 부피 ΔV를 0으로 보내 한없이 작아지게 하면 표면 S 도 한없이 작아지므로 한 점의 $\vec{A}$의 선다발(즉 단위 부피당 선다발)을 얻을 수 있는데, 이것이 벡터 장 $\vec{A}$의 발산의 정의이다.

$$\vec{A}\text{ 의 발산} = \mathrm{div}(\vec{A}) = \vec{\nabla}\circ\vec{A} \equiv \lim_{\Delta V\to 0}\frac{1}{\Delta V}\oint_S \vec{A}\circ\hat{n}\,da \qquad (1.19)$$

이 수식은 발산과 선다발 사이의 관계를 알려주고 있지만 어떤 주어진 벡터 장의 발산을 실제로 계산하는 데는 별로 쓸모가 없다. 이보다 사용하기 간편한 발산 수식은 잠시 뒤에 다루기로 하고 먼저 [그림 1.13]에 표시한 벡터 장을 살펴보자.

이들 벡터 장에서 발산 값이 + 인 위치를 알아내려면 다음과 같은 점을 찾으면 된다. 즉 그 점 주위로 흐름 벡터가 퍼져 나가는 점, 또는 그 점을 중심으로 밖으로

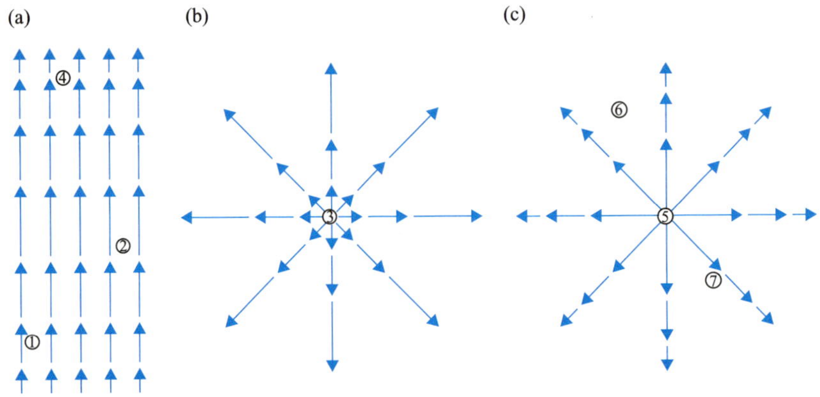

그림 1.13 다양한 발산 값을 갖는 벡터 장

향하는 벡터는 크고 안으로 향하는 벡터는 작은 점이다. 이때 흐르는 물에 톱밥을 뿌릴 때 일어나는 상황을 머릿속으로 그려보면서 발산 값을 예측하는 방법을 활용해볼 수 있다. 이 경우, 톱밥이 퍼져 나가는 곳은 발산 값이 + 인 점이고 톱밥이 더 모이는 곳은 발산 값이 – 인 점이다.

이렇게 발산을 헤아리는 방식을 적용해보면 [그림 1.13(a)]의 ①점과 ②점, [그림 1.13(b)]의 ③점은 모두 발산 값이 + 인 점이다. 반면에 [그림 1.13(a)]의 ④점은 발산 값이 – 인 점이다.

[그림 1.13(c)]에 표시한 세 점에 대해서 이 방식으로 발산 값의 부호를 구해보자. ⑤점은 발산 값이 + 인 점임을 쉽게 알 수 있다. 그러면 나머지 ⑥점과 ⑦점은 어떨까? 이들 두 점에서 흐름 선은 분명히 퍼져 나가고 있지만 거리가 중심에서 멀어질수록 흐름 선의 길이는 점점 짧아지고 있다. 이 두 점에서의 발산 값의 부호는 해당 점에서 퍼져나가는 흐름과 둔화되는 흐름 중에서 어느 쪽 흐름의 영향이 더 크냐에 달려있다.

이를 정확히 파악하기 위해서는 벡터 장이 위치에 따라 어떻게 변하는지에 대한 정보와 함께 발산을 계산하는 데 쓰이는 수식이 필요하다. 직각좌표에서 벡터 장 $\vec{A}$ 에 대한 발산 계산식, 즉 "델-점곱"($\vec{\nabla}\circ$) 계산식은 다음과 같은 미분형태로 쓸 수 있다.

$$\vec{\nabla}\circ\vec{A} = \left(\hat{i}\frac{\partial}{\partial x} + \hat{j}\frac{\partial}{\partial y} + \hat{k}\frac{\partial}{\partial z}\right)\circ\left(\hat{i}A_x + \hat{j}A_y + \hat{k}A_z\right)$$

여기서 $\hat{i}\circ\hat{i} = \hat{j}\circ\hat{j} = \hat{k}\circ\hat{k} = 1$ 이므로 다음과 같이 간단해진다.

$$\vec{\nabla} \circ \vec{A} = \left(\frac{\partial A_x}{\partial x} + \frac{\partial A_y}{\partial y} + \frac{\partial A_z}{\partial z} \right) \tag{1.20}$$

따라서 벡터 장 $\vec{A}$의 발산은 x 방향에 대한 그 장의 x 성분의 변화율과 y 방향에 대한 그 장의 y 성분의 변화율과 z 방향에 대한 그 장의 z 성분의 변화율을 모두 더한 값이다. 여기서 꼭 기억해둘 것은 어떤 벡터 장의 발산은 크기만 있고 방향은 없는 스칼라량이라는 사실이다.

이제 [그림 1.13]의 벡터 장에 이 식을 적용해보자. [그림 1.13(a)]를 보면 벡터 장의 크기가 x 축(그림에서는 수직축)을 따라 사인함수 형태로 변하고 있고 y 축 방향과 z 축 방향으로는 변화가 없이 일정하다. 따라서 이를 수식으로는 $\vec{A} = \sin(\pi x)\hat{i}$ 와 같이 쓸 수 있다. 이를 발산 계산식에 대입하여 벡터 장 $\vec{A}$의 발산을 계산하면 $A_y = A_z = 0$ 이므로 다음과 같다.

$$\vec{\nabla} \circ \vec{A} = \frac{\partial A_x}{\partial x} = \pi \cos(\pi x)$$

이렇게 구한 발산 값은 $0 < x < \frac{1}{2}$ 의 범위에서는 + 값, $x = \frac{1}{2}$ 에서는 0, $\frac{1}{2} < x < \frac{3}{2}$ 의 범위에서는 − 값이 된다. 이 결과는 흐름 벡터의 분포 형태를 검토하여 얻은 결과와 일치한다.

다음으로 [그림 1.13(b)]의 벡터 장을 살펴보자. 이 그림은 구 대칭으로 분포하는 벡터 장의 한 단면으로 이 벡터 장은 원점에서 거리가 멀어짐에 따라 거리 제곱의 비율로 증가하고 있다. 이를 수식으로는 $\vec{A} = r^2\hat{r}$ 으로 쓸 수 있다. $r^2 = (x^2 + y^2 + z^2)$ 이고, 또

$$\hat{r} = \frac{x\hat{i} + y\hat{j} + z\hat{k}}{\sqrt{x^2 + y^2 + z^2}}$$

이므로

$$\vec{A} = r^2\hat{r} = (x^2 + y^2 + z^2)\frac{x\hat{i} + y\hat{j} + z\hat{k}}{\sqrt{x^2 + y^2 + z^2}}$$

이 된다. x 방향으로의 $\vec{A}$의 x 방향 성분의 변화율을 계산하면

$$\frac{\partial A_x}{\partial x} = (x^2 + y^2 + z^2)^{(1/2)} + x\left(\frac{1}{2}\right)(x^2 + y^2 + z^2)^{-(1/2)}(2x)$$

이다. y 성분과 z 성분에 대해서도 마찬가지 방식으로 계산을 한 다음 세 결과를 모

두 더하면 다음과 같이 $\vec{A}$ 의 발산을 구할 수 있다.

$$\vec{\nabla}\circ\vec{A} = 3\left(x^2+y^2+z^2\right)^{(1/2)} + \frac{x^2+y^2+z^2}{\sqrt{x^2+y^2+z^2}} = 4\left(x^2+y^2+z^2\right)^{1/2} = 4r$$

따라서 [그림 1.13(b)]에 나타난 벡터 장의 발산 값은 원점에서 거리가 멀어짐에 따라 거리에 정비례하여 증가한다.

마지막으로 [그림 1.13(c)]의 벡터 장을 살펴보자. 이 벡터 장 분포는 [그림 1.13(b)]와 비슷한 면도 있지만 여기서는 크기가 거리에 따라 제곱에 비례하는 대신, 정반대로 반비례하는 점이 다르다. 벡터 장의 흐름 선은 [그림 1.13(b)]와 마찬가지로 퍼져 나가고 있지만 이 경우에는 벡터 장의 크기가 거리에 따라 감소하고 있다는 점이 발산 값에 영향을 주게 된다. $\vec{A} = (1/r^2)\hat{r}$ 이므로

$$\vec{A} = \frac{1}{(x^2+y^2+z^2)}\frac{x\hat{i}+y\hat{j}+z\hat{k}}{\sqrt{x^2+y^2+z^2}} = \frac{x\hat{i}+y\hat{j}+z\hat{k}}{(x^2+y^2+z^2)^{(3/2)}}$$

이 된다. x 방향으로의 $\vec{A}$의 x 방향 성분의 변화율을 계산하면

$$\frac{\partial A_x}{\partial x} = \frac{1}{(x^2+y^2+z^2)^{(3/2)}} - x\left(\frac{3}{2}\right)\left(x^2+y^2+z^2\right)^{-(5/2)}(2x)$$

이다. y 성분과 z 성분에 대해서도 마찬가지 방식으로 계산을 한 다음 세 결과를 모두 더하면 다음과 같이 $\vec{A}$의 발산을 구할 수 있다.

$$\vec{\nabla}\circ\vec{A} = \frac{3}{(x^2+y^2+z^2)^{(3/2)}} - \frac{3\left(x^2+y^2+z^2\right)}{(x^2+y^2+z^2)^{(5/2)}} = 0$$

이 결과로부터 벡터 장의 흐름 선이 밖으로 퍼져 나가기는 하지만 그 비율은 벡터 장의 크기가 원점에서 멀어지면서 감소하는 비율에 의해 정확히 상쇄되고 있음을 확인할 수 있다. 벡터 장의 진폭이 거리에 따라 $1/r^2$ 의 비율로 감소하는 경우에만 이처럼 발산 값이 0이 된다는 사실을 꼭 기억해두기 바란다(특히 점 전하가 생성하는 전기장이 이 경우에 해당되는데, 바로 다음 절에서 이에 대해 살펴본다).

전기장의 발산을 계산할 때, 문제에 따라서는 직각좌표계가 아닌 다른 좌표계를 사용하면 더 쉽게 풀 수 있다. 원통 좌표계와 구 좌표계에서 발산 계산식을 써 보면 다음과 같다.

$$\vec{\nabla}\circ\vec{A} = \frac{1}{r}\frac{\partial}{\partial r}(rA_r) + \frac{1}{r}\frac{\partial A_\phi}{\partial \phi} + \frac{\partial A_z}{\partial z} \quad \text{(원통 좌표계)} \tag{1.21}$$

$$\vec{\nabla} \circ \vec{A} = \frac{1}{r^2}\frac{\partial}{\partial r}(r^2 A_r) + \frac{1}{r\sin\theta}\frac{\partial}{\partial\theta}(A_\theta \sin\theta) + \frac{1}{r\sin\theta}\frac{\partial A_\phi}{\partial\phi} \quad \text{(구 좌표계)} \tag{1.22}$$

문제에 맞는 적절한 좌표계를 선택하는 것이 얼마나 효과가 좋은지 확인해 볼 수 있도록 바로 전에 살펴본 [그림 1.13(b)]와 [그림 1.13(c)]의 예를 구 좌표계로 다시 풀어보기 바란다.

$\vec{\nabla} \circ \vec{E}$ 전기장의 발산

이 식은 바로 미분형 가우스 법칙의 좌변 전체로 전기장의 발산을 나타낸다. 정전기학에서 모든 전기 장선은 + 전하에서 시작해서 − 전하에서 끝난다는 것을 생각하면 이 식의 값은 고려 대상인 어느 한 점(위치)의 전하 밀도에 비례함을 알 수 있다.

+ 점 전하 q가 생성하는 전기장을 생각해보자. [표 1.1]을 참조하면 이 전기장의 수식은 다음과 같이 방향은 반지름 방향($\hat{r}$)이며 크기는 $1/r^2$의 비율로 감소한다.

$$\vec{E} = \frac{1}{4\pi\varepsilon_0}\frac{q}{r^2}\hat{r}$$

이 전기장을 그림으로 그려보면 [그림 1.13(c)]에 표시한, 발산 값이 0인 벡터 장과 같은 형태가 된다. 따라서 전기 장선이 퍼져 나가는 비율은 전기장의 크기(진폭)가 $1/r^2$로 감소하는 비율과 정확히 같아서 두 비율의 영향이 상쇄되므로 점 전하가 위치한 원점을 제외한 모든 점에서 이 전기장의 발산 값은 0이 된다.[8]

여기서 원점($r = 0$)인 점을 제외한 까닭은, 발산 계산식이 분모에 r이 포함된 항들로 이루어져 있어서 r이 0에 한없이 접근하면 이들 항이 무한히 커져 값을 구할 수 없는 문제가 발생하기 때문이다. 원점에서 발산 값을 구하기 위해 다음과 같이 발산 정의식을 사용해보자.

$$\vec{\nabla} \circ \vec{E} \equiv \lim_{\Delta V \to 0} \frac{1}{\Delta V} \oint_S \vec{E} \circ \hat{n}\, da$$

이제 점 전하 q를 둘러싸는 특수 가우스 표면(반지름이 r인 구)에 대해 발산 값을 구해보자.

8 [옮긴이] 전기장을 '화살표 방식' 대신 '장선 방식'으로 나타내면 이 내용을 좀 더 쉽게 이해할 수 있다. 원점에 위치한 점 전하(양전하)의 전기 장선은 성게나 밤송이처럼 반지름 방향으로 뻗어 나와 중간에 끊어지지 않고 무한히 뻗어 간다. 장선의 개수를 n 이라고 할 때, 반지름 r 인 구(공)의 표면을 통과하는 장선의 밀도는 $n/(4\pi r^2)$ 이다. '장선 방식'에서 장의 세기는 밀도로 나타내므로 전기장의 세기는 $1/r^2$에 비례한다. 이처럼 세기가 $1/r^2$ 의 비율로 감소하는 장의 경우, 그 장의 원천인 전하가 위치한 점이 아닌 곳이라면 어떤 형태로 닫힌표면을 잡아도 그 표면의 유입 장선의 개수와 유출 장선의 개수는 같으므로 발산은 0이 될 수밖에 없다.

$$\vec{\nabla} \circ \vec{E} \equiv \lim_{\Delta V \to 0} \left(\frac{1}{\Delta V} \frac{q}{4\pi\varepsilon_0 r^2} \oint_S da \right) = \lim_{\Delta V \to 0} \left(\frac{1}{\Delta V} \frac{q}{4\pi\varepsilon_0 r^2} (4\pi r^2) \right)$$

$$= \lim_{\Delta V \to 0} \left(\frac{1}{\Delta V} \frac{q}{\varepsilon_0} \right)$$

$q/\Delta V$는 부피 ΔV에서의 평균 전하밀도로, ΔV가 한없이 작아져 0에 접근하면 이 값은 원점에서의 부피 전하밀도 ρ와 같아진다. 따라서 원점에서의 발산은 다음과 같이

$$\vec{\nabla} \circ \vec{E} = \frac{\rho}{\varepsilon_0}$$

이 되어 가우스 법칙과 일치한다. 다음 설명을 읽어보면서 이 결과 식의 중요성을 확실히 이해하도록 하자. 점 전하 주위의 전기 장선은 얼핏 보면 모든 위치에서 발산(점점 더 멀리 퍼져 나간다는 의미에서의 발산)하는 것으로 생각된다. 그러나 앞에서 살펴본 것처럼 크기가 $1/r^2$의 비율로 감소하는 이 반지름 방향의 벡터 장은 그 장의 원천인 전하가 놓여 있는 점을 제외한 모든 곳에서 발산 값이 0이다. 어떤 점에서의 발산 값을 결정하는 요소는 그 점에서의 장선의 간격이 아니라 그 점을 둘러싼 미소 부피로부터 밖으로 나오는 선다발이 안으로 들어가는 선다발과 비교하여 큰가, 작은가, 같은가 하는 것이다. 미소 부피에서 유출되는 선다발이 미소 부피로 유입되는 선다발보다 많으면 그 점의 발산 값은 + 값이 된다. 유출 선다발이 유입 선다발보다 적으면 발산 값은 − 값이 되고 유출 선다발과 유입 선다발이 같으면 그 점의 발산 값은 0이 된다.

원점에 점 전하가 놓여 있는 경우, 미소 닫힌표면(미소 부피)을 통과하는 선다발은 그 닫힌표면이 원점에 있는 점 전하를 포함하고 있을 때만 0이 아니다. 원점이 아닌 나머지 모든 곳에 위치한 미소 닫힌표면에 대해서는 그 표면으로 유입되는 선다발과 유출되는 선다발이 같아져 (닫힌표면 속에 점 전하가 들어 있지 않으므로) 전기장의 발산 값은 0이 되어야 한다.

$\vec{\nabla} \circ \vec{E} = \rho/\varepsilon_0$ 가우스 법칙(미분형) 적용하기

미분형 가우스 법칙을 사용하여 풀 수 있는 문제 중에서 가장 대표적인 유형은 특정 위치에서 전기장의 발산을 계산하고 그 계산 결과를 사용하여 그 점의 전하 밀도를 구하는 것이다.

다음 몇 가지 예제를 살펴 보면서 이러한 유형의 문제를 푸는 방법을 알아보자.

예제 1.6 벡터 전기장이 주어질 때, 특정 위치에서 그 장의 발산 구하기

문제 [그림 1.13(a)]의 전기장이 $-0.5 < x < +0.5$, $-0.5 < y < +0.5$ 범위에서 다음 식으로 바뀌었다.

$$\vec{A} = \sin\left(\frac{\pi}{2}y\right)\hat{i} - \sin\left(\frac{\pi}{2}x\right)\hat{j}$$

그러면 [그림 1.13(a)]의 전기 장선은 어떻게 달라지는가? 또 발산 값은 얼마인가?

풀이 이런 유형의 문제를 받으면 보자마자 곧장 미분을 취해 발산을 구하고 싶은 충동이 들지도 모르겠지만 잠깐 동안 장의 수식을 살펴보고 장선을 그려보는 것이 더 좋은 해결 방법이다. 물론 경우에 따라서는 장선을 그리는 것이 쉽지 않을 수 있다. 그렇디 해도 메트랩(MATLAB®)과 같은 상업용 소프트웨어, 옥타브(Octave)와 같이 무상으로 쓸 수 있는 소프트웨어를 비롯한 다양한 계산 도구를 잘 활용하면 벡터 장의 분포를 그림으로 그려 그 특성을 자세히 밝힐 수 있다. [그림 1.14]의 벡터 장은 MATLAB® 프로그램의 “quiver” 명령[9]을 사용하여 그린 것이다.

[그림 1.14]에 나타난 벡터 장의 방향이 이런 형태가 되는 것이 의외라고 생각되면 벡터 장 $\vec{A}$의 수식을 잘 살펴보기 바란다. 그러면 이 장의 x 성분은 y 값에 따라 달라지고(x 축($y = 0$) 위의 영역에서 전기장은 오른쪽 방향을 향하고 x 축 아래 영역에서는 왼쪽 방향을 향함), 이 장의 y 성분은 $-x$ 값에 따라 달라짐(y 축($x = 0$) 오른쪽 영역에서 전기장은 아래쪽 방향을 향하고 y 축 왼쪽 영역에서는 위쪽 방향을 향함)을 알 수 있다. 이들 두 특성을 합성하면 벡터 장의 방향은 [그림 1.14]와 같은 형태가 된다.

9 [옮긴이] quiver는 벡터를 화살표 그래프로 그려주는 명령이다. 사용법은 ‘공학도를 위한 매트랩(원서: MATLAB for Engineers, 4th Ed.), H. Moore 저, 유태훈 옮김, 694쪽)’을 참조하기 바란다.

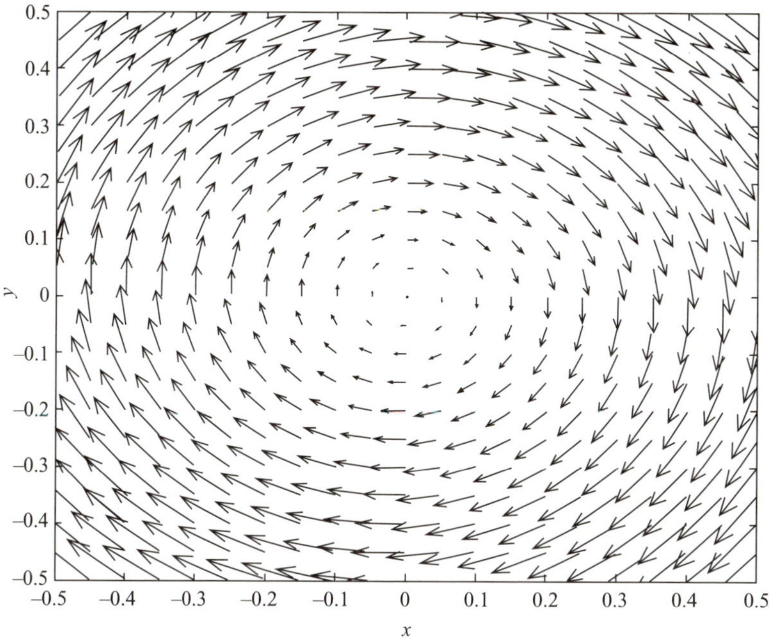

그림 1.14 벡터 장 $\vec{A} = \sin(\frac{\pi}{2}y)\hat{i} - \sin(\frac{\pi}{2}x)\hat{j}$ 의 분포

이 장을 주의 깊게 살펴보면 벡터 흐름 선은 퍼져나가거나 모여들어오지 않고 순환하면서 자신에게 되돌아오고 있음을 알 수 있다. 다음과 같이 벡터 장 $\vec{A}$의 발산을 계산해보면

$$\vec{\nabla} \circ \vec{A} = \frac{\partial}{\partial x}\left[\sin\left(\frac{\pi}{2}y\right)\right] - \frac{\partial}{\partial y}\left[\sin\left(\frac{\pi}{2}x\right)\right] = 0$$

이 되어 이러한 분석이 사실임을 확인할 수 있다.

실제로 순환하면서 자신에게 되돌아오는 전기장은 전하에 의해 생성되지 않고 시간에 따라 변화하는 자기장에 의해 생성된다. 이러한 전기장을 "솔레노이드 장(solenoidal field, 비발산 장)"이라고 하는데 이에 대해서는 3장에서 다룬다.

예제 1.7 특정 영역에서 벡터 전기장이 주어질 때, 그 영역 내의 특정 위치에서 전하 밀도 구하기

문제 다음과 같이 분포하고 있는 전기장이 있다.

$$\vec{E} = ax^2\hat{i} \ \ \text{V/m},\ 0 \le x \le 3\ \text{m}$$

$$\vec{E} = b\hat{i} \ \ \text{V/m},\ x > 3\ \text{m}$$

$x = 2$ m인 위치와 $x = 5$ m인 위치에서 전하 밀도를 구하라.

풀이 가우스 법칙을 이용하면 $0 \le x \le 3$ m 영역에서

$$\vec{\nabla} \circ \vec{E} = \frac{\rho}{\varepsilon_0} = \left(\hat{i}\frac{\partial}{\partial x} + \hat{j}\frac{\partial}{\partial y} + \hat{k}\frac{\partial}{\partial k}\right) \circ (ax^2\hat{i})$$

로부터

$$\frac{\rho}{\varepsilon_0} = \frac{\partial(ax^2)}{\partial x} = 2xa$$

이므로 전하 밀도는 다음과 같다.

$$\rho = 2xa\varepsilon_0$$

따라서 $x = 2$ m인 위치에서 전하 밀도는 다음과 같다.

$$\rho = 4a\varepsilon_0$$

$x > 3$ m 영역에서는

$$\vec{\nabla} \circ \vec{E} = \frac{\rho}{\varepsilon_0} = \left(\hat{i}\frac{\partial}{\partial x} + \hat{j}\frac{\partial}{\partial y} + \ddot{k}\frac{\partial}{\partial z}\right) \circ (b\ddot{i}) = 0$$

이므로 $x = 5$ m인 위치에서 전하 밀도는 $\rho = 0\ \text{C/m}^2$ 이다.

연/습/문/제

다음 문제를 풀어보면서 전기장용 가우스 법칙을 얼마나 잘 이해하고 있는지 검사하라. 해답은 이 책의 웹사이트에서 확인할 수 있다.

1.1 어떤 구(공) 속에 양성자 15개와 전자 10개가 들어 있다. 이 구의 표면을 통과하는 전기 선다발을 구하라. 또 구의 사이즈가 계산 결과에 어떤 영향을 주는지 설명하라.

1.2 아래 그림과 같이 한 변의 길이가 L인 정육면체 속에 면 전하 밀도가 $\sigma = -3xy$ 인 평평한 판이 들어있다. 이 판의 영역이 $0 \le x \le L$, $0 \le y \le L$ 일 때 이 정육면체의 표면을 통과하는 총 전기 선다발을 구하라.

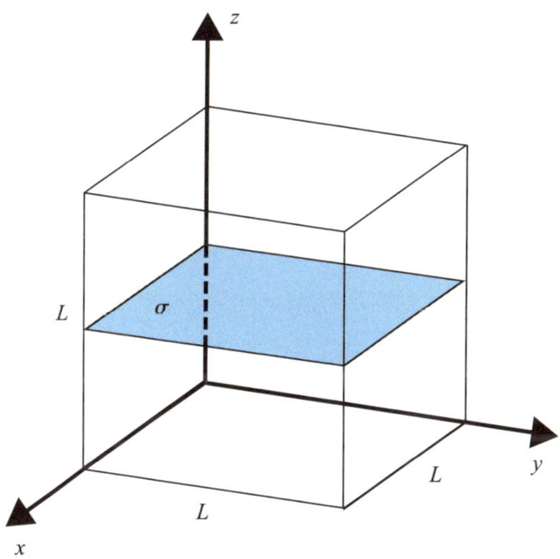

그림 P1.2

1.3 높이가 h인 닫힌 원통 속에 원통의 축을 따라 길이가 h 인 선 전하가 놓여 있다. 원통과 선 전하가 놓인 영역이 $0 \le x \le h$ 일 때 선 전하 밀도는 $\lambda = \lambda_0(1 - x/h)$ C/m이다. 이 원통의 닫힌표면을 통과하는 총 전기 선다발을 구하라.

1.4 반지름이 a_0 인 구(공) 속에 $\rho = \rho_0(r/a_0)$ 인 부피 전하 밀도로 전하가 분포해있다. 여기서 r 은 구의 중심과의 거리이다. 이 구의 닫힌표면을 통과하는 전기 선다발을 구하라.

1.5 반지름이 1 m인 구 속에 원반(disk)이 들어있다. 원반의 면 전하 밀도가 2×10^{-10} C/m^2 이고 구를 통과하는 전기 선다발이 5.2×10^{-2} Vm 일 때 원반의 지름을 구하라.

1.6 아래 그림과 같이 사이즈가 10 cm × 10 cm 인 평평한 판에서 수직으로 5 cm 떨어진 위치에 10^{-8} C의 점 전하가 놓여 있다. 이 점 전하에 의해 판을 통과하는 전기 선다발을 구하라.

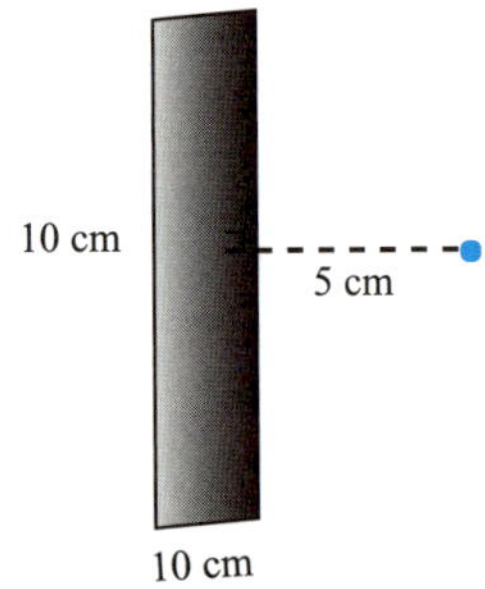

그림 P1.6

1.7 높이가 h 인 원통의 축을 따라 선 전하 밀도가 λ C/m인 무한길이 선 전하가 놓여 있다. 이 선 전하에 의해 반원통(즉 축을 따라 자른 원통의 절반)을 통과하는 전기 선다발을 구하라.

1.8 아래 그림과 같이 반지름이 R 인 반구(중심을 따라 자른 구의 절반)의 중심에 양성자가 놓여 있다. 반구의 표면을 통과하는 전기 선다발을 구하라.

그림 P1.8

1.9 특수 가우스 표면을 사용하여, 무한길이 선 전하에 의해 발생하는 전기장을 거리의 함수로 구하라.

1.10 특수 가우스 표면을 사용하여 면 전하 밀도가 σ 인 무한크기 면 전하에 의해 발생하는 전기장의 크기가 $|\vec{E}| = \sigma/2\varepsilon_0$ 임을 증명하라.

1.11 구 좌표계에서 $\vec{A} = (1/r)\hat{r}$ 인 벡터 장의 발산을 구하라.

1.12 구 좌표계에서 $\vec{A} = r\hat{r}$ 인 벡터 장의 발산을 구하라.

1.13 다음 벡터 장

$$\vec{A} = \cos\left(\pi y - \frac{\pi}{2}\right)\hat{i} + \sin(\pi x)\hat{j}$$

의 장선을 그림으로 그려라. 또 이 벡터 장의 발산을 구하라.

1.14 어떤 영역에 원통 좌표계로 다음 식으로 표시되는 전기장이 있다.

$$\vec{E} = \frac{az}{r}\hat{r} + br\hat{\phi} + cr^2z^2\hat{z}$$

이 영역에서 전하 밀도를 구하라.

1.15 어떤 영역에 구 좌표계로 다음 식으로 표시되는 전기장이 있다.

$$\vec{E} = ar^2\hat{r} + \frac{b\cos(\theta)}{r}\hat{\theta} + c\hat{\phi}$$

이 영역에서 전하 밀도를 구하라.

2

자기장용 가우스 법칙

자기장용 가우스 법칙은 전기장용 가우스 법칙과 수식의 형태는 비슷하지만 내용은 다르다. 적분형으로 표시된 가우스 법칙은 어떤 닫힌표면을 통과하는 전기장과 자기장의 선다발(플럭스)을 나타내고, 미분형은 어떤 한 점에서 전기장과 자기장의 발산을 나타내는 것이다.

전기장용 가우스 법칙과 자기장용 가우스 법칙에 차이가 생긴 결정적인 요인은 다음과 같다. 전하(electric charge)는 서로 다른 극성을 가진 전하, 즉 + 전하와 – 전하로 분리되지만, 자극(magnetic pole)은 서로 다른 극성을 가진 자극, 즉 N극(north pole)과 S극(south pole)으로 분리되지 않고 항상 한 쌍으로 존재한다. 자연(물리세계)에는 분리된 자극(자기 홀극)이 존재하지 않는다는 사실은 자기 선다발의 특성과 자기장의 발산에 중요한 영향을 준다.

2.1 적분형 가우스 법칙

가우스 법칙은 다양한 방식으로 나타낼 수 있다. 책마다 표기방식이 조금씩 다르지만 일반적으로 다음과 같은 형태로 쓸 수 있다.

$$\oint_S \vec{B} \circ \hat{n}\, da = 0 \qquad \text{자기장용 가우스 법칙(적분형)}$$

1장에서 살펴봤듯이 이 방정식의 좌변을 수학적으로 설명하면 닫힌표면을 통과하는 벡터 장의 선다발(플럭스)이다. 따라서 이 가우스 법칙은 닫힌표면 S 를 통과하는 '자기 장선'(magnetic field line)의 총 개수인 '자기 플럭스'(magnetic flux, 자기 선다발)가 0이 됨을 나타내고 있다.

이번 2장에서는 자기장에 적용되는 가우스 법칙이 전기장에 적용되는 가우스 법칙과 다른 까닭을 살펴본다. 또한 몇 개의 예제를 풀어보면서 자기장용 가우스 법칙을 적용하여 문제를 해결하는 방법을 알아본다.

무엇보다 중요한 것은 자기장용 가우스 법칙을 확실히 이해하는 것으로 그 내용은 다음과 같다.

> 어떤 닫힌표면을 통과하는 총 자기장의 플럭스(자기 선다발)는 0이다.

여기서 말하는 닫힌표면은, 실제로 존재하는 닫힌표면이든 가상으로 만든 닫힌표면이든 관계가 없으며 크기나 모양에도 제한이 없다. 여기서 자기 선다발이 0이라는 말은 표면을 통과하는 자기 선다발이 없다는 것이 아니라 닫힌표면으로 둘러싸인 부피를 뚫고 안으로 들어가는 자기 장선은 반드시 그 부피를 뚫고 밖으로 나와야 한다는 뜻이다. 따라서 부피 속으로 유입되는 자기 선다발 값(− 값)은 부피 밖으로 유출되는 자기 선다발 값(+ 값)과 똑같다.

자기장용 가우스 법칙의 수식을 구성하는 기호들은 대부분 1장의 전기장용 가우스 법칙에서 다룬 기호들과 같다. 여기서는 1장과 다른 기호에 대해서만 살펴보기로 한다. 다음에 적분형 가우스 법칙의 수식을 구성하는 각 기호의 의미를 설명하였다.

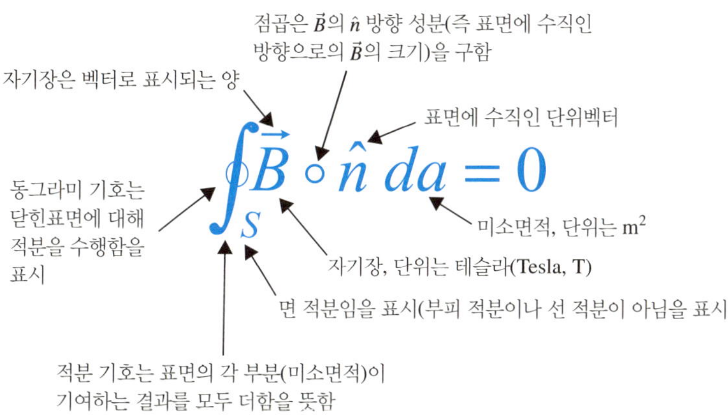

우리가 사는 자연에는 한 극만을 갖는 자극(자기홀극, magnetic monopole)이 존재하지 않기 때문에 자기장에 대해 이러한 가우스 법칙이 나온 것이다. 만일 + 전하와 − 전하처럼 자극도 N극과 S극이 개별적으로 존재할 수 있다면, + 전하와 − 전하가 전기 장선의 원천과 싱크로 동작하는 것과 마찬가지로 N극과 S극은 각각 자기 장선의 원천(source)과 싱크(sink)의 역할을 할 것이다. 이 경우, 어떤 닫힌표면 속에 자극이 하나만 들어있으면 그 닫힌표면을 통과하는 자기 선다발은 0이 아니다(이 상황은 전하가 하나만 들어있을 때 전기 선다발이 0이 아닌 것과 마찬가지이다). 현재까지 자기홀극을 찾으려는 과학계의 모든 시도는 성공을 거두지 못했고 자기 N극은 항상 자기 S극과 함께 쌍으로만 존재한다. 따라서 자기장용 가우스 법칙의 우변은 0이 될 수밖에 없다.

임의의 닫힌표면을 통과하는 종 자기 선다발은 0이어야 한다는 사실을 이용하면, 문제에서 다루는 표면이 복잡한 경우에도 그 표면의 어느 한 부분을 통과하는 선다발을 적분으로 구할 수 있다면 그 문제를 풀 수 있다.

$\vec{B}$ 자기장

전기장을 정의하는 데 작은 시험 전하에 작용하는 전기력을 사용하는 것과 마찬가지로, 자기장(magnetic field)도 움직이는 대전 입자(charged particle, 즉 전하)에 작용하는 자기력을 사용하여 정의할 수 있다. 어떤 전하가 자기장으로부터 힘(자기력)을 받기 위해서는 그 전하가 자기장에 대해 움직이고 있어야 한다(즉 자기장과 상대적으로 움직이고 있는 전하에게만 자기력이 작용한다). 이를 자기력에 대한 로렌츠 방정식(Lorentz equation)이라고 하며 수식으로 쓰면 다음과 같다.

$$\vec{F}_B = q\vec{v}\times\vec{B} \tag{2.1}$$

여기서 $\vec{F}_B$ 는 자기력, q 는 전하, $\vec{v}$ 는 전하의 속도($\vec{B}$ 에 대한 상대속도), $\vec{B}$ 는 자기장이다.

벡터 $\vec{a}$ 와 벡터 $\vec{b}$ 의 가위곱(cross product) $\vec{a} \times \vec{b}$ 의 크기는 다음과 같이 정의된다.

$$|\vec{a} \times \vec{b}| = |\vec{a}||\vec{b}| \sin(\theta)$$

여기서 θ 는 두 벡터 사이의 각도이다. 이 관계식을 이용하면 자기장의 크기 $|\vec{B}|$ 를 다음과 같이 쓸 수 있다.

$$|\vec{B}| = \frac{|\vec{F}_B|}{q|\vec{v}|\sin(\theta)} \tag{2.2}$$

여기서 θ 는 속도 벡터 $\vec{v}$와 자기장 벡터 $\vec{B}$ 사이의 각도이다. 전기와 관련된 양의 경우에는 용어가 통일되어 있지만 자기와 관련된 양에 대한 용어는 그렇지 못하다. 그래서 $\vec{B}$를 자기장이라고 하지 않고, "자기 유도(magnetic induction)" 또는 "자기 선다발 밀도(magnetic flux density)"라는 용어로 부르는 경우도 많이 있다. $\vec{B}$를 가리키는 데 어떤 용어를 사용하든 $\vec{B}$의 단위는 N/(C m/s)와 같다. 이와 동등한 단위로 Vs/m^2, N/(Am), kg/(Cs) 이 있으며 가장 간단한 단위는 테슬라(Tesla)로 줄여서 T로 쓴다.

식(2.2)와 이에 대응하는 전기장 수식인 식(1.1)과 비교해보면 다음과 같이 자기장과 전기장 사이의 몇 가지 중요한 차이가 확실하게 드러난다.

- 전기장과 마찬가지로 자기장은 자기력에 정비례한다. 그러나 $\vec{E}$의 방향은 힘(전기력)의 방향과 나란하지만(평행 또는 반평행이지만), $\vec{B}$의 방향은 힘(자기력)의 방향과 수직이다.

- 전기장과 마찬가지로 자기장도 작은 시험 전하에 작용하는 힘을 가지고 정의한다. 그러나 $\vec{E}$의 경우와는 달리 시험 전하의 속도(속력과 방향)에 따라 장(자기장)과 힘(자기력) 사이의 관계가 달라진다.
- 매 순간, 대전 입자(전하)에 가해지는 자기력은 입자의 속도에 수직이다. 따라서 대전 입자의 변위 방향(이동 방향)으로의 자기력 성분은 0이다. 결국 자기장이 입자에 대해 수행한 일(work)은 항상 0이다.
- 정전기장(electrostatic field)은 전하에 의해 발생하고 정자기장(magnetostatic field)은 전류(electric current)에 의해 발생한다.[1]

자기장은 장선을 사용하여 그림으로 나타낼 수 있다. 이때 그린 장선의 방향은 자기장의 방향과 일치하고, 장선 방향에 수직인 평면에서 장선의 밀도는 자기장의 크기에 비례한다. 가우스 법칙을 적용하는 데 적합한 몇 가지의 자기장 분포를 [그림 2.1]에 나타내었다.

전류에 의해 발생하는 전기장을 그림으로 나타내는 데 도움이 되는 규칙을 몇 가지 살펴보면 다음과 같다.

- 자기 장선은 도중에 끝나거나 새로 시작하지 않고 항상 닫힌 루프를 형성한다.
- 자석에서 발생하는 자기 장선은 자석의 N극에서 시작해서 S극에서 끝나는 것처럼 보이지만 자석 내부에서 N극과 S극 사이에 자기 장선이 연결되어 있는 것이므로 실제로 자기 장선은 끊어짐이 없이 이어진 루프이다.
- 어떤 점의 알짜 자기장은 그 점에 존재하는 모든 자기장의 벡터 합이다.
- 자기 장선끼리는 서로 교차할 수 없다. 두 개 이상의 원천에 의해 어느 한 점에 저마다 방향이 다른 자기장이 여러 개 존재하게 되면 그 점의 총 자기장은 이들 자기장의 벡터 합이 된다. 결국 어느 한 점의 자기 장선은 언제나 하나의 방향(총 자기장의 방향)만을 향하게 된다.

모든 정적 자기장(static magnetic field, 정자기장)은 움직이는 전하에 의해 발생한다. [그림 2.2]를 살펴보자. 미소 전류요소 $Id\vec{l}$에 의해 어떤 특정한 점 P에 생성되는 자기장 $d\vec{B}$는 다음 식으로 주어지는데, 이를 비오-사바르 법칙(Biot-Savart law)이라고 한다.

---

1 [옮긴이] 정확히 말해, 정자기장은 정상전류(steady current), 다시 말해 직류전류(DC current)에 의해 발생한다. 교류전류에 의해 발생하는 자기장은 시간에 따라 크기가 변하므로 정자기장이 아니다.

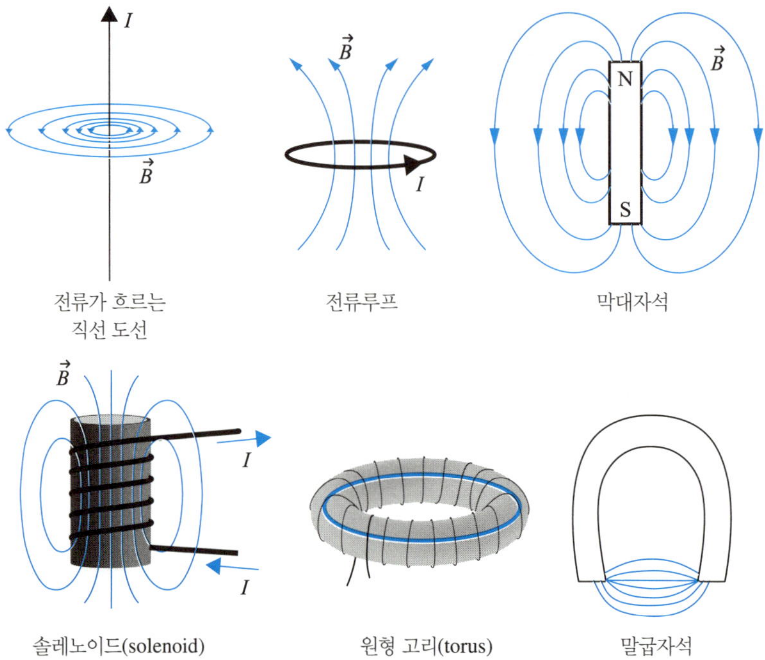

그림 2.1 자기장 분포의 예

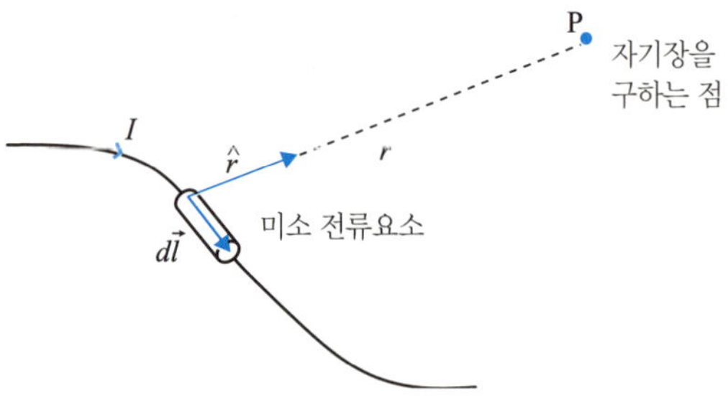

그림 2.2 비오-사바르 법칙

$$d\vec{B} = \frac{\mu_0}{4\pi}\frac{I d\vec{l} \times \hat{r}}{r^2}$$

이 방정식에서 μ_0 는 자유공간의 투자율, $d\vec{l}$ 는 미소길이 벡터, I 는 $d\vec{l}$ 를 따라 흐르는 전류, $\hat{r}$은 전류요소에서 P점(자기장을 계산하는 점)을 가리키는 방향의 단위 벡터, r은 전류요소와 P점 사이의 거리이다.

표 2.1 몇 가지 형태의 전류와 자기장

무한길이 직선 도선 (전류 I)	$\vec{B}=\frac{\mu_0 I}{2\pi r}\hat{\phi}$, r은 도선의 축과 수직 방향으로의 거리
직선 도선 조각 (길이 dl, 전류 I)	$d\vec{B}=\frac{\mu_0}{4\pi}\frac{Id\vec{l}\times\hat{r}}{r^2}$, r은 도선과의 거리
원형 루프 (반지름 R, 전류 I) ※ 루프는 yz평면에 놓여 있음	$\vec{B}=\frac{\mu_0 IR^2}{2(x^2+R^2)^{3/2}}\hat{i}$, x는 x축 방향으로의 거리
도선이 N번 감긴 솔레노이드 (길이 l, 전류 I) ※ 솔레노이드는 x축을 따라 놓여 있음	$\vec{B}=\frac{\mu_0 NI}{l}\hat{i}$ (솔레노이드 내부)
도선이 N번 감긴 원형 고리 (반지름 r, 전류 I)	$\vec{B}=\frac{\mu_0 NI}{2\pi r}\hat{\phi}$ (원형 고리 내부)

[표 2.1]에 몇 가지 형태의 전류와 해당 전류가 생성하는 자기장의 수식을 수록했다.

$\oint_S \vec{B} \circ \hat{n}\, da$ 닫힌표면을 통과하는 자기 선다발(플럭스)

전기 선다발 Φ_E 와 마찬가지로 어떤 표면을 통과하는 자기 선다발 Φ_B 는 그 표면을 통과해 "흐르는" 자기장의 "양"으로 생각할 수 있다. 이 양은 상황에 따라 다음과 같은 방식으로 구할 수 있다.

$$\Phi_B = |\vec{B}| \times (\text{표면 면적}) \qquad \vec{B}\text{가 균일하고 표면 } S \text{ 에 수직인 경우} \tag{2.3}$$

$$\Phi_B = \vec{B} \circ \hat{n} \times (\text{표면 면적}) \qquad \vec{B}\text{가 균일하고 표면 } S \text{ 와 어떤 특정 각도를 이루고 있는 경우} \tag{2.4}$$

$$\Phi_B = \int_S \vec{B} \circ \hat{n}\, da \qquad \vec{B}\text{가 불균일하고 표면 } S \text{ 와 이루는 각도가 가변적인 경우} \tag{2.5}$$

자기 선다발도 전기 선다발과 마찬가지로 스칼라 양이다. 자기 선다발의 단위로는 웨버(Weber)라는 특별한 이름이 사용되는데, 줄여서 Wb로 쓴다. Wb는 Tm^2와 같다. 따라서 위의 세 식의 단위는 모두 Wb이다.

전기 선다발의 경우와 마찬가지로 어떤 표면을 통과하는 자기 선다발은 그 표면을 뚫고 지나가는 자기 장선의 개수로 생각할 수 있다. 표면을 통과하는 자기 장선의 개수를 생각할 때 잊지 말아야 할 것이 있다. 자기 장선은 자기장을 그림으로 나타내기 위해 편의상 고안해 낸 것으로 자기장도 전기장과 마찬가지로 실제로는 공간에 연속적으로 분포해있다(즉 공간상의 모든 점(곳)에 존재한다)는 사실이다. 그래서 "장선의 개수"를 따지기에 앞서 자기장의 세기와 이를 표시하는 장선의 개수 사이의 관계를 명확하게 설정해놓아야 장선의 개수라는 말이 의미를 가지게 된다.

어떤 닫힌표면을 통과하는 자기 선다발을 생각할 때 특히 주의해야 할 사항이 있다. 표면을 뚫고 지나가는 방향은 두 개여서, 표면을 뚫고 나가는 선다발(유출 선다발) 값과 표면을 뚫고 들어오는 선다발(유입 선다발) 값의 부호는 서로 반대이다. 따라서 닫힌표면을 통과하는 유출 선다발(+ 값)과 유입 선다발(− 값)은 정확히 상쇄되므로 알짜 자기 선다발은 0이 된다.

자기장의 경우에 유출 선다발과 유입 선다발의 부호가 중요한 까닭을 알아보자. [그림 2.3]과 같이 자기장 주위에 작은 닫힌표면을 몇 개 만들어 보자. 닫힌표면이 어떤 모양을 하고 있든지, 어느 곳에 닫힌표면이 위치해 있든지 상관없이 닫힌표면으로 둘러싸인 부피 속으로 들어가는 장선의 개수는 부피 밖으로 나오는 장선의 개수와 똑같다. 이 내용이 모든 자기장에 대해 성립한다면 임의의 닫힌표면을 통과하는 알짜 자기 선다발은 항상 0이 되어야 한다.

물론 이 내용은 사실이다. 그 까닭을 살펴보자. 어떤 부피 속으로 들어간 장선이 밖으로 빠져 나오지 않았다면 이는 그 부피 속에서 장선이 끝났을 경우뿐이다. 또한 어떤 부피 속으로 아무 장선도 들어오지 않았는데 장선이 밖으로 나왔다면 이는 그 부피 속에서 장선이 출발했을 경우뿐이다. + 전하에서 시작해서 − 전하에서 끝나는 전기 장선과는 달리 자기 장선은 시작과 끝이 없이 자신에게 되돌아 순환하므로 연속적인 루프 모양을 형성한다. 어떤 닫힌표면을 장선 루프가 통과할 때는 표면 안으로 들어간 장선은 항상 표면 밖으로 나오게 된다. 따라서 임의의 닫힌표면을 통과하는 유출 자기 선다발과 유입 자기 선다발은 크기가 같고 부호가 반대이다.

[그림 2.3]의 막대자석에 의해 발생한 자기장을 좀 더 자세히 살펴보자. 자기장 주위에 만든 닫힌표면의 모양과 위치에 관계없이 닫힌표면으로 둘러싸인 부피 속으로 들어간 장선은 모두 부피 밖으로 나오고 있으므로 유입 장선의 개수는 유출 장선의 개수와 정확히 같다.

이제 여러분은 가우스 법칙에 담겨 있는 다음의 물리적 개념을 이해했을 것이다. 모든 자기 장선은 항상 닫힌루프 형태이므로 임의의 닫힌표면을 통해 지나가는 알짜 자기 선다발은 0이 되어야 한다. 지금부터 이러한 내용을 담고 있는 가우스 법칙을 적용하여 닫힌표면과 자기장을 다루는 문제를 풀어보기로 하자.

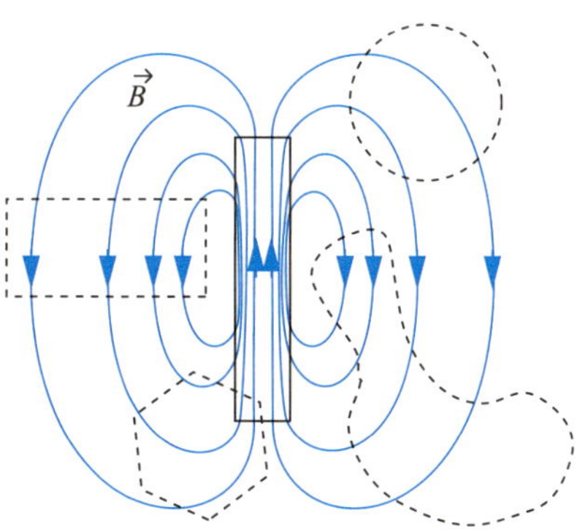

그림 2.3 닫힌표면을 통과하는 자기 장선

$\oint_S \vec{B} \circ \hat{n}\, da = 0$ 가우스 법칙(적분형) 적용하기

문제에서 다루는 표면이 복잡하고 자기장 역시 복잡한 경우에는 그 표면의 특정 부분에 대해 자기장의 수직 성분을 적분하여 자기 선다발을 구하는 것이 매우 어려울 수 있다. 이러한 경우에는 임의의 닫힌표면을 통과하는 총 자기 선다발은 0이 되어야 한다는 법칙을 바탕으로 문제를 간단하게 만들 수 있다. 다음 예제를 풀어 보면서 이에 대해 설명하기로 한다.

예제 2.1 자기장의 수식과 표면의 구조가 주어질 때, 그 표면의 특정 부분을 통과하는 자기 선다발 구하기

문제 높이가 h 이고 반지름이 R 인 원통 모양의 닫힌표면이 자기장이 분포해있는 공간에 놓여 있다. 자기장의 수식은 $\vec{B} = B_0(\hat{j} - \hat{k})$ 이고 원통의 축은 z 축을 따라 놓여 있다. 다음 표면을 통과하는 자기 선다발을 구하라.

(a) 원통의 윗면과 밑면

(b) 원통의 옆면

풀이 가우스 법칙에 따라 닫힌표면 전체를 통과하는 자기 선다발은 0이 되어야 한다. 따라서 닫힌 표면 중에서 특정 부분을 통과하는 자기 선다발을 알아낼 수 있다면 나머지 다른 부분을 통과하는 자기 선다발을 유추해낼 수 있다. 이 예제에서는 원통의 윗면과 아랫면을 통과하는 선다발은 옆면을 통과하는 선다발보다는 쉽게 구할 수 있다. 이렇게 구한 윗면과 아랫면을 통과하는 선다발에 추가되어 총 선다발 값을 0으로 만드는 선다발은 원통의 옆면을 통과하는 것이므로 다음 관계식이 성립한다.

$$\Phi_{B,\text{위}} + \Phi_{B,\text{아래}} + \Phi_{B,\text{옆}} = 0$$

임의의 열린표면 S 를 통과하는 자기 선다발은 다음과 같다.

$$\Phi_B = \int_S \vec{B} \circ \hat{n}\, da$$

윗면의 경우, 단위 수직 벡터는 $\hat{n} = \hat{k}$ 이므로

$$\vec{B} \circ \hat{n} = (B_0\hat{j} - B_0\hat{k}) \circ \hat{k} = -B_0$$

가 된다. 따라서 윗면을 통과하는 자기 선다발은 다음과 같다.

$$\Phi_{B,위} = \int_S \vec{B} \circ \hat{n}\, da = -B_0 \int_S da = -B_0(\pi R^2)$$

같은 방식으로 아랫면($\hat{n} = -\hat{k}$)을 통과하는 자기 선다발을 구해보면 다음과 같다.

$$\Phi_{B,아래} = \int_S \vec{B} \circ \hat{n}\, da = +B_0 \int_S da = +B_0(\pi R^2)$$

$\Phi_{B,위} = -\Phi_{B,아래}$ 이므로 옆면을 통과하는 자기 선다발은 $\Phi_{B,옆} = 0$임을 유추해서 알아낼 수 있다.

예제 2.2 긴 도선에 흐르는 전류가 주어질 때, 그 도선 근처에 놓인 표면을 통과하는 자기 선다발 구하기

문제 아래 그림을 보면 전류 I가 흐르는 긴 직선 도선이 있다. 이 도선 근처에 놓인 반원통의 굽은 옆면을 통과하는 자기 선다발을 구하라.

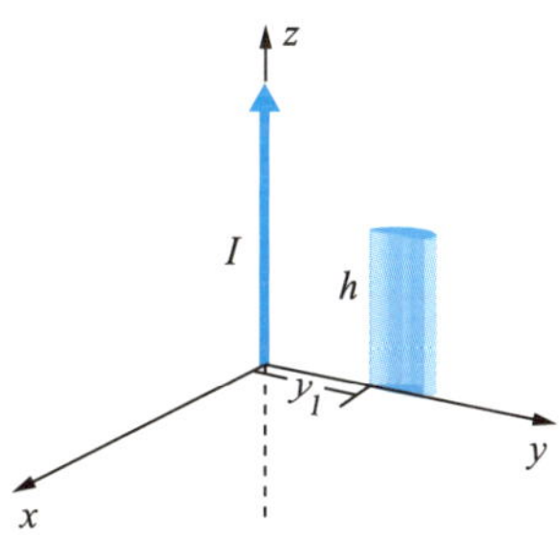

풀이 전류가 흐르는 도선에서 도선이 놓인 축과 수직 방향으로 r 만큼 떨어진 거리에서 자기장은 다음 식으로 주어진다.

$$\vec{B} = \frac{\mu_0 I}{2\pi r}\hat{\varphi}$$

이 식을 보면 자기 장선은 도선 주위를 따라 원을 그린다는 것을 알 수 있다. 따라서 반원통의 평평한 옆면을 뚫고 반원통 속으로 들어간 장선은 반원통의 굽은 옆면을 뚫고 나온다. 가우스 법칙에 따라 반원통을 이루는 전체 표면을 통과하는 총 자기 선다발은 0이 되어야 한다. 따라서 평평한 표면을 통과하는 자기 선다발의 양(+값)은 굽은 표면을 통과하는 자기 선다발의 양(− 값)과 같아야 한다.
임의의 열린표면 S 를 통과하는 자기 선다발은 다음과 같다.

$$\Phi_B = \int_S \vec{B} \circ \hat{n}\, da$$

평평한 옆면의 경우, 단위 수직 벡터는 $\hat{n} = -\hat{\phi}$ 이므로

$$\vec{B} \circ \hat{n} = \left(\frac{\mu_0 I}{2\pi r}\hat{\phi}\right) \circ (-\hat{\phi}) = -\frac{\mu_0 I}{2\pi r}$$

이 된다. 반원통의 평평한 옆면에 대해 적분을 수행하기 전에, 문제의 구조를 잘 살펴보면 이 표면은 yz 평면에 놓여 있다. 따라서 이 표면의 면적요소(미소면적)은 $da = dy\,dz$ 이다. 또한 이 표면에서 수평방향으로의 길이증분(미소길이) dy 는 원통 좌표계에서 dr 이 되므로 $dr = dy$의 관계를 사용하면 $da = dr\,dz$이 된다. 이제 반원통의 평평한 옆면에 대해 자기장을 적분해보자.

$$\Phi_{B,\text{평면}} = \int_S \vec{B} \circ \hat{n}\, da = -\int_S \frac{\mu_0 I}{2\pi r} dr\,dz = -\frac{\mu_0 I}{2\pi}\int_{z=0}^{h}\int_{r=y_1}^{y_1+2R}\frac{dr}{r}dz$$

이 적분을 계산하여 자기 선다발을 구해보면 다음과 같다.

$$\Phi_{B,\text{평면}} = -\frac{\mu_0 I}{2\pi}\ln\left(\frac{y_1+2R}{y_1}\right)(h) = -\frac{\mu_0 Ih}{2\pi}\ln\left(1+\frac{2R}{y_1}\right)$$

반원통을 이루는 닫힌표면 전체를 통과하는 총 자기 선다발은 0이 되어야 한다. 따라서 위에서 얻은 반원통의 평평한 옆면을 통과하는 자기 선다발 결과를 이용하면 반원통의 굽은 옆면을 통과하는 선다발은 다음과 같다.

$$\Phi_{B,\text{곡면}} = \frac{\mu_0 Ih}{2\pi}\ln\left(1+\frac{2R}{y_1}\right)$$

2.2 미분형 가우스 법칙

자기 장선은 항상 끊어짐이 순환하는 루프를 형성하는 연속성을 가지고 있기 때문에 가우스 법칙의 미분형은 아주 간단하다. 이를 수식으로 쓰면 다음과 같다.

$$\vec{\nabla} \circ \vec{B} = 0 \quad \text{자기장용 가우스 법칙(미분형)}$$

수학적으로 설명하면 이 방정식의 좌변은 자기장의 발산이다. 자기장의 발산이란 어떤 한 점(특정 위치)에서 장(field)의 유출(흘러나감)이 유입(흘러들어옴)보다 얼마큼 강한지 나타내는 척도이다. 방정식의 우변은 아주 간단해서 0이다.

자기장의 발산에 대해서는 잠시 후에 자세히 다루기로 하고 지금은 미분형 가우스 법칙의 의미를 확실히 이해하는 것이 가장 중요하므로 이를 살펴보기로 하자.

어떤 점에서나 자기장의 발산은 0이다.

전기장의 경우와 비교하는 방법으로 이 법칙이 사실인지 알아보자. 전기장의 경우, 어떤 점에서 전기장의 발산은 그 점에 위치한 전하 밀도에 비례한다. 전하와는 달리 자극은 N극과 S극을 분리할 수 없으므로 N극과 S극은 항상 쌍으로 함께 존재한다. N극과 S극을 각각 + 전하와 − 전하에 대응하는 + 자하와 − 자하라고 생각하면 공간상의 어느 위치(점)에서나 "자하 밀도"는 0이 되어야 한다. 이는 자기장의 발산이 0임을 뜻한다.

자기장용 가우스 법칙의 미분형에 대해 잘 이해할 수 있도록 다음 그림에 수식을 구성하는 각 기호의 의미를 설명하였다.

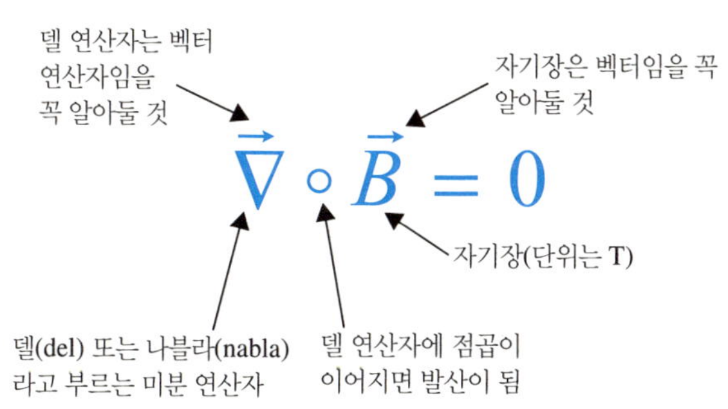

$\vec{\nabla} \circ \vec{B}$ 자기장의 발산

이 식은 바로 미분형 가우스 법칙의 좌변 전체로 자기장의 발산을 나타낸다. 어떤 점에서 장의 발산은 그 점에서 장이 흘러나가는 정도가 흘러들어오는 정도보다 얼마큼 강한지 나타내는 척도이다. 자기장의 경우에는 점 구조의 원천(point source)이나 점 구조의 싱크(point sink)가 아직까지 발견되지 않고 있으므로 공간상의 모든 점에 대해 어느 한 점에서 흘러들어오는 장의 양은 흘러나가는 장의 양과 똑같다. 따라서 $\vec{B}$의 발산이 항상 0이라는 사실은 놀랄만한 일은 아니다.

전류가 흐르는 긴 도선 주위의 자기장에 대해 이 내용이 성립함을 확인해보자. [표 2.1]에 수록되어 있는 무한길이 도선의 자기장 수식에 발산을 취해보자.

$$\text{div}(\vec{B}) = \vec{\nabla} \circ \vec{B} = \vec{\nabla} \circ \left(\frac{\mu_0 I}{2\pi r}\hat{\phi}\right) \tag{2.6}$$

원통 좌표계를 사용하면 이 식을 더욱 쉽게 계산할 수 있다.

$$\vec{\nabla} \circ \vec{B} = \frac{1}{r}\frac{\partial}{\partial r}(rB_r) + \frac{1}{r}\frac{\partial B_\phi}{\partial \phi} + \frac{\partial B_z}{\partial z} \tag{2.7}$$

$\vec{B}$ 는 ϕ 성분만을 가지므로

$$\vec{\nabla} \circ \vec{B} = \frac{1}{r}\frac{\partial\ (\mu_0 I/2\pi r)}{\partial \phi} = 0 \tag{2.8}$$

이 되어 자기장의 발산은 0임을 확인할 수 있다.

이 결과는 다음과 같이 논리를 펼쳐가며 이해할 수 있다. 전류가 흐르는 도선 주위에는 원형 루프 모양의 자기장이 발생한다. 따라서 이 자기장은 z 성분과 r 성분(반지름 방향 성분)을 갖지 않는다(단, 자기장이 반지름 방향 성분은 갖고 있지 않지만 반지름 방향으로 멀어지면 크기가 감소하므로 반지름의 함수라는 점에 주의). 따라서 $B_z = B_r = 0$ 이고 ϕ 성분인 B_ϕ만 0이 아니다. 그런데 B_ϕ가 ϕ에 따라 달리지지 않으므로(다시 말해, 도선을 중심으로 하는 원형 경로라면 경로를 이루고 있는 모든 점에서 자기장의 크기가 일정), 어느 한 점에서 유출되는 선다발은 그 점으로 유입되는 선다발과 같을 수밖에 없다. 따라서 모든 점에서 자기장의 발산은 0이다.

발산이 0인 벡터 장을 "솔레노이드 장"(solenoidal field, 비발산 장)이라고 한다. 따라서 모든 자기장은 솔레노이드 장이다.

$\vec{\nabla} \circ \vec{B} = 0$ 가우스 법칙(미분형) 적용하기

자기장의 발산이 0이라는 성질을 이용하면 어떤 공간에 분포하는 자기장의 성분이 공간상의 위치에 따라 변하는 문제를 풀 수 있다. 또한 어떤 특정 벡터 장이 자기장인지 아닌지 알아낼 수 있다.

다음 몇 가지 예제를 보면서 이러한 유형의 문제를 푸는 방법을 알아보자.

예제 2.3 자기장의 각 방향 성분이 완전하게 주어지지 않은 경우, 가우스 법칙을 이용하여 각 성분 사이의 관계를 알아내기

문제 다음 수식

$$\vec{B} = axz\,\hat{i} + byz\,\hat{j} + c\hat{k}$$

로 주어지는 자기장이 있다. a 와 b 사이의 관계를 구하라.

풀이 자기장용 가우스 법칙에 따라 자기장의 발산은 0이므로

$$\vec{\nabla} \circ \vec{B} = \frac{\partial B_x}{\partial x} + \frac{\partial B_y}{\partial y} + \frac{\partial B_z}{\partial z} = 0$$

이 성립해야 한다. 따라서

$$\frac{\partial(axz)}{\partial x} + \frac{\partial(byz)}{\partial y} + \frac{\partial c}{\partial z} = 0$$

을 계산하면

$$az + bz + 0 = 0$$

이 되므로

$$a = -b$$

임을 알 수 있다.

예제 2.4 어떤 벡터 장의 수식이 주어질 때, 그 장이 자기장인지 아닌지 알아내기

문제 다음 수식

$$\vec{A}(x, y) = a\cos(bx)\hat{i} + aby\sin(bx)\hat{j}$$

로 주어지는 어떤 벡터 장이 있다. 이 장이 자기장인지 아닌지 구하라.

풀이 자기장용 가우스 법칙에 따라 자기장의 발산은 0이어야 하므로 다음과 같이 벡터 장 $\vec{A}$의 발산을 구해보자.

$$\begin{aligned}\vec{\nabla} \circ \vec{A} &= \frac{\partial}{\partial x}[a\cos(bx)] + \frac{\partial}{\partial y}[aby\sin(bx)] \\ &= -ab\sin(bx) + ab\sin(bx) = 0\end{aligned}$$

따라서 $\vec{A}$ 는 자기장임을 알 수 있다.

연/습/문/제

다음 문제를 풀어보면서 자기장용 가우스 법칙을 얼마나 잘 이해하고 있는지 검사하라. 해답은 이 책의 웹사이트에서 확인할 수 있다.

2.1 자기장이 분포해 있는 공간에 그림과 같은 퍼진 형태의 원통이 놓여 있다. 자기장의 수식이 $\vec{B} = 5\hat{i} - 3\hat{j} + 4\hat{k}$ nT일 때 이 원통의 위쪽 표면, 아래쪽 표면, 옆쪽 표면을 통과하는 자기 선다발을 구하라.

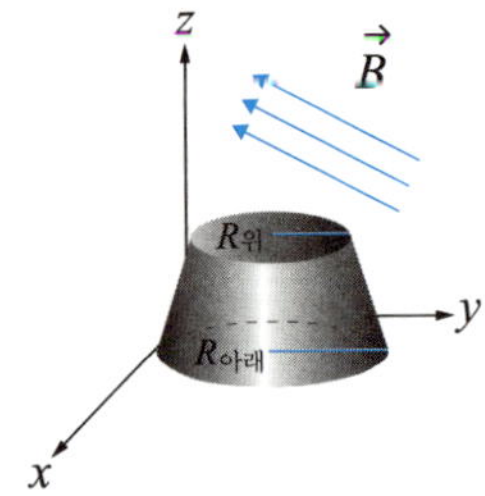

그림 P2.1

2.2 어떤 긴 도선에서 20 cm 떨어진 곳에 10 cm × 10 cm 크기의 정사각형 판이 놓여 있다. 도선의 전류가 5 mA에서 15 mA로 증가할 때 이 판을 통과하는 자기 선다발은 얼마큼 변하는지 구하라. 단, 도선과 정사각형 판은 같은 평면에 놓여 있으며 도선에 인접한 정사각형의 변은 도선과 평행하다고 가정한다.

2.3 자기장이 분포해 있는 공간에 그림과 같이 다섯 개의 표면으로 이루어진 삼각기둥이 놓여 있다. 자기장의 수식이 $\vec{B} = 0.002\hat{i} + 0.003\hat{j}$ T일 때 삼각기둥을 통과하는 자기 선다발을 각각의 표면별로 구하라. 이 결과를 이용하여 삼각기둥 표면 전체를 통과하는 총 자기 선다발이 0임을 증명하라.

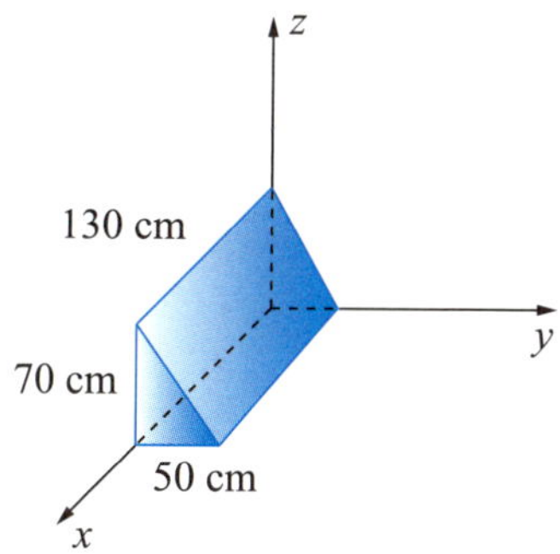

그림 P2.3

2.4 지구상의 어떤 위치에 한 변의 길이가 1 m인 정육면체가 놓여 있다. 이 정육면체의 각 변을 통과하는 지구 자기장의 선다발을 구한 다음, 정육면체 전체 표면을 통과하는 총 자기 선다발이 0임을 증명하라. 여기서 정육면체가 놓여 있는 위치에서 지구 자기장은 크기가 4×10^{-5} T 이며 방향은 수평을 기준으로 위쪽으로 30° 를 가리키고 있다. 또한 지표면에 대해 정육면체가 기울어진 각도는 알아서 정하도록 한다.

2.5 이상적인 솔레노이드의 내부에 반지름이 r_0 이고 높이가 h 인 원통이 들어 있다. 원통의 축과 솔레노이드의 축은 서로 나란하다. 원통의 위쪽 표면, 아래쪽 표면, 굽은 옆쪽 표면을 통과하는 자기 선다발을 각각 구하라. 또 원통의 표면 전체를 통과하는 총 자기 선다발이 0임을 증명하라.

2.6 원통 좌표계에서 다음 수식으로 주어지는 벡터 장이 자기장인지 아닌지 알아내어라.

(a) $$\vec{A}(r,\phi,z) = \frac{a}{r}\cos^2(\phi)\hat{r}$$

(b) $$\vec{A}(r,\phi,z) = \frac{a}{r^2}\cos^2(\phi)\hat{r}$$

3

패러데이 법칙

1831년에 패러데이(Michael Faraday)는 일련의 획기적인 실험을 수행하여 어떤 닫힌회로 내부를 통과하는 자기 선다발이 변하면 그 회로에 전류가 유도됨을 입증하였다. 이 발견은 더욱 확장되어 시간에 따라 변하는 자기장에 의해 전기장이 발생한다는 일반적인 법칙으로 이어졌다. 이렇게 자기장에 의해 유도되는 전기장은 전하에 의해 발생하는 전기장과는 전혀 다르다. 이러한 현상을 이해하는 데 핵심이 되는 것이 바로 패러데이 유도법칙(Faraday's law of induction)이다.

3.1 적분형 패러데이 법칙

패러데이 법칙(Faraday's law)을 적분형 수식으로 쓰면 다음과 같다.

$$\oint_C \vec{E} \circ d\vec{l} = -\frac{d}{dt}\int_S \vec{B} \circ \hat{n}\, da \qquad \text{패러데이 법칙(적분형)}$$

전자기학을 연구하는 학자들 중에는 패러데이 법칙을 이 형태의 수식으로 표현하면 뚜렷이 구별되는 두 현상 - 자기 유도[1](magnetic induction, 시간에 따라 변하는 자기장에 의한 현상)와 운동 기전력(motional electromotive force, 자기장 속을 통과하는 대전 입자의 운동에 의한 현상) - 이 우변의 한 항에 뒤섞여 있어서 구별해낼 수 없다는 점을 들어 문제가 있다고 지적하기도 한다.[2] 이 두 현상은 모두 기전력(electromotive force, emf)을 발생시킨다. 그런데 실험실을 기준틀[3](reference frame)로 하면 자기 유도 현상만이 회전하는 전기장(결국 기전력)을 발생시킨다. 이 말은 결국, 위의 수식으로 나타낸 패러데이 법칙이 성립하려면 엄밀히 말해 수식 속에 들어 있는 $\vec{E}$ 가, 적분 경로를 이루고 있는 미소길이 $d\vec{l}$ 이 정지 상태에 있는 좌표계에서(즉 경로 C 가 기준틀일 때) 관측(측정)되는 전기장이어야 함을 뜻한다.

---

1 [옮긴이] 이를 변압기 기전력(transformer electromotive force)이라고도 한다.

2 [옮긴이] 패러데이 법칙을 두 기전력을 구분하는 수식으로 표현하면 $\oint_C \vec{E} \circ d\vec{l} = -\int_S \frac{\partial \vec{B}}{\partial t} \circ \hat{n} da + \oint_C (\vec{v} \times \vec{B}) \circ d\vec{l}$ 이 된다. $\vec{v}$는 경로 C (또는 표면 S)의 이동속도이다. 단 이 식에서 $\vec{E}$는 경로 C를 기준틀로 할 때 측정되는 전기장이어야 한다.

3 [옮긴이] 관측자를 기준으로 할 때 정지 상태에 있는 좌표계(즉 관측자와 함께 운동하고 있는 좌표계). 기준좌표계 또는 정지좌표계라고도 한다. 어떤 물체가 움직이고 있는가, 정지해 있는가는 전적으로 상대적이다. 예를 들어, 실험실에서 어떤 막대가 이동하고 있을 때, 실험실을 기준틀로 삼으면 실험실은 정지해 있고 막대가 움직이는 것이지만 막대를 기준틀로 삼으면(관찰자가 막대와 함께 운동하면) 막대는 정지해 있고 실험실이 반대방향으로 움직이는 것이다.

다음과 같이 패러데이 법칙을 "또 다른 적분형" 수식으로 표현하면 두 현상 중에서 운동 기전력이 떨어져나가고 자기 유도만이 남으므로 전기장의 순환과 시간에 따라 변하는 자기장 사이의 연관성이 분명해진다.

$$\text{기전력(emf)} = -\frac{d}{dt}\int_S \vec{B} \circ \hat{n}\, da \qquad \text{자기 선다발 규칙}$$

$$\oint_C \vec{E} \circ d\vec{l} = -\int_S \frac{\partial \vec{B}}{\partial t} \circ \hat{n}\, da \qquad \text{패러데이 법칙 (또 다른 적분형)}$$

여기서 꼭 알아두어야 할 것은, 이처럼 또 다른 적분형으로 나타낸 패러데이 법칙에서는 시간 미분이 자기 선다발이 아닌 자기장에 대해 수행되며, 이 수식에 들어 있는 $\vec{E}$와 $\vec{B}$는 "실험실을 기준틀"로 할 때 측정되는 전기장과 자기장이라는 사실이다.

지금 당장은 기전력(emf)이 무엇이고 이것이 전기장과 어떤 관련이 있는지 확실히 몰라도 걱정할 필요는 없다. 이에 대해서는 이번 3장에서 자세히 설명한다. 3장에는 예제가 여러 개 들어 있는데, 이를 풀어보면서 위에 표시한 "자기 선다발 규칙"과 "패러데이 법칙"을 적용하여 유도(induction)와 관련한 문제를 해결하는 방법을 익힐 수 있다. 지금 무엇보다 중요한 것은 패러데이 법칙을 확실히 이해하는 것으로 그 내용은 다음과 같다.

> 어떤 표면을 통과하는 자기 선다발이 시간에 따라 변하면, 이 표면의 경계(가장자리)를 이루는 닫힌경로(즉 회로)에 기전력(emf)이 유도된다. 그리고 시간에 따라 변하는 자기장은 회전하는 전기장을 유도한다.

이 내용을 다르게 표현하면, 어떤 표면을 통과하는 자기 선다발이 변하면 그 표면의 경계를 이루는 경로를 따라 전기장이 유도된다. 이 경계를 따라 도체가 존재한다면 경계(즉 도체)에 유도된 전기장은 도체 속 전하에 기전력을 가해 도체를 통해 전류를 흐르게 한다. 따라서 막대자석을 도선 루프 속에 찔러 넣는 동안에는 도선 내부에 전기장이 발생하지만, 막대자석이 도선 루프에 아무리 가깝게 위치해도 도선 루프를 기준으로 움직이지 않고 멈춰있는 동안에는(예를 들어, 막대자석을 도선 루프 속에 찔러 넣은 채 움직이지 않고 그대로 있으면) 전기장이 발생하지 않는다.

이제 패러데이 법칙에 들어 있는 − 부호는 무엇을 뜻하는지 알아보자. − 부호는 유도 기전력이 자기 선다발의 변화를 거스르는 방향으로 발생함을 나타내는 것이다. 다시 말해 어떤 자기 시스템은 그 시스템 내에 현재(원래) 존재하는 자기 선다발을 그대로 유지하려는 성질이 있다. 이를 렌츠 법칙(Lenz's law)이라고 한다. 이에 대해서는 3장의 뒤에서 자세히 다룬다.

다음에 패러데이 법칙의 수식을 구성하는 각 기호의 의미를 설명하였다.

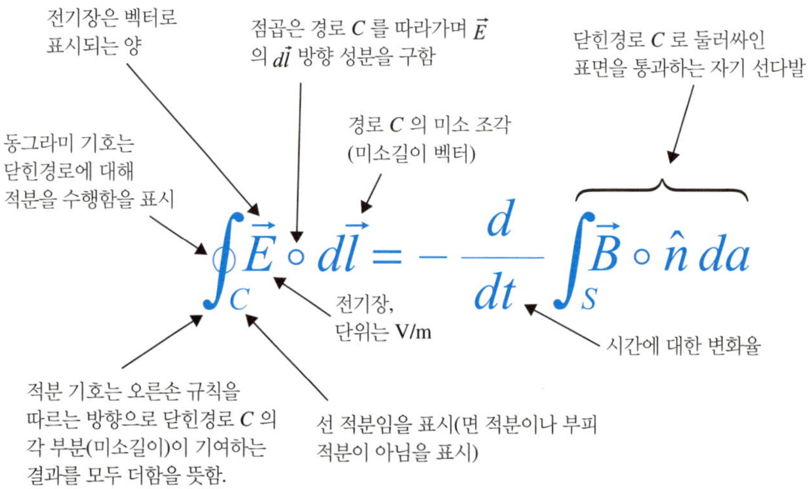

이 수식에서 $\vec{E}$는 경로 C를 이루고 있는 각 미소조각 $d\vec{l}$에 유도되는 전기장이다. 단, 이 전기장 $\vec{E}$는 해당 조각이 정지해 있는 좌표계(미소조각 기준틀)에서 측정되는 것이어야 한다.

다음에 패러데이 법칙의 또 다른 형태의 수식을 구성하는 각 기호의 의미를 설명하였다.

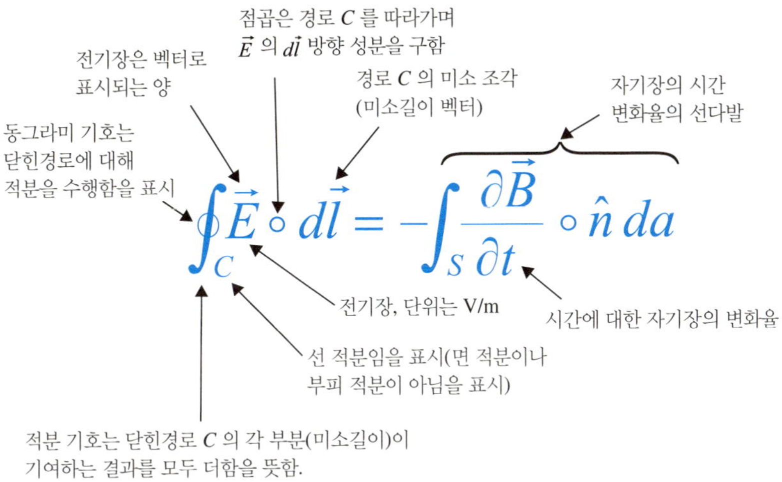

$$\oint_C \vec{E} \circ d\vec{l} = -\int_S \frac{\partial \vec{B}}{\partial t} \circ \hat{n}\, da$$

이 수식의 $\vec{E}$는 실험실 기준틀에서 측정되는 전기장을 나타낸다. $\vec{B}$도 실험실 기준틀에서 측정되는 자기장이다.

패레데이 법칙과 선다발 규칙을 사용하여 시간에 따라 변하는 자기 선다발과 유도 전기장과 관련된 다양한 문제, 특히 다음의 두 가지 유형의 문제를 풀 수 있다.

(1) 시간에 따라 변하는 자기 선다발에 대한 정보가 주어질 때, 유도 기전력을 구하는 문제

(2) 어떤 특정 경로에 대해 유도 기전력이 주어질 때, 자기장 크기나 방향의 변화율 또는 그 경로로 둘러싸인 면적의 변화율을 구하는 문제

문제에서 다루는 구조가 대칭성을 가지고 있으면 유도 기전력을 구하는 것은 물론 자기장의 변화율이 주어질 때 유도 전기장을 구하는 것도 가능하다.

$\vec{E}$ 유도 전기장

패러데이 법칙의 전기장이든 가우스 법칙의 정전기장이든, 이들 전기장이 전하에 미치는 "영향"은 똑같다. 그러나 그 "구조"는 아주 다르다. 두 가지 전기장 모두 전하에 힘을 가해 전하를 가속시키고, 단위도 N/C나 V/m로 같고, 장선으로 표시할 수 있는 것도 동일하다. 그러나 전하에 의해 발생하는 전기장의 장선은 + 전하에서 시작해서 − 전하에서 끝나는(따라서 전하가 존재하는 점에서는 발산이 0이 아님) 반면, 시간에 따라 변하는 자기장에 의해 발생하는 유도 전기장의 장선은 자신에게 되돌아오므로 시작점과 끝점이 없다(따라서 발산은 0임).

패러데이 법칙의 일반형 수식(우변이 자기 선다발의 전미분으로 표현)에 들어 있는 전기장은 순환(circulation)을 계산하는 경로를 이루고 있는 미소길이 $d\vec{l}$ 이 정지해 있는 기준틀에서 측정되는 전기장임을 이해하는 것이 중요하다. 이렇게 전기장을 구별하는 까닭은 이 기준틀에서만 전기 장선이 자신에게 되돌아오는 루프 형태가 되기 때문이다.

전하에서 발생하는 전기장과 유도 전기장의 예를 [그림 3.1]에 나타내었다.

[그림 3.1(b)]에서 유도 전기장의 회전 방향을 잘 살펴보기 바란다. 유도 전기장은, 자기장이 변하면서 생기는 자기 선다발의 변화를 거스르는 역할을 하는 전류를 발생시킨다. 그림과 같이 자석이 오른쪽으로 움직이면 왼쪽을 향하는 자기 선다발은 감소하는데, 유도 전기장에 의해 흐르는 유도 전류는 이 변화를 거슬러 왼쪽을 향하는 자기 선다발을 추가로 발생시킨다.

시간에 따라 변하는 자기장에 의해 발생하는 전기장을 그림으로 나타내는 데 도움이 되는 규칙을 몇 가지 살펴보면 다음과 같다.

- 시간에 따라 변하는 자기장에 의해 발생하는 유도 전기 장선은 완전한(중간에 끊어지지 않은) 루프를 형성해야 한다.
- 어떤 점의 알짜 전기장은 그 점에 존재하는 모든 전기장의 벡터 합이다.
- 전기 장선끼리는 서로 교차할 수 없다. 만일 두 장선이 교차하게 되면 교차점에서 전기장이 서로 다른 두 방향을 향하게 되기 때문이다.

요약하자면, 패러데이 법칙에 들어 있는 $\vec{E}$는 경로 C 를 이루고 있는 각 점에서의 유도 전기장을 나타낸다. 여기서 경로 C 는, 어떤 표면 내부를 시간에 따라 변하는 자기장이 통과하고 있을 때 이 표면의 바깥 경계이다. 이 경로는 실제 물체(물질)

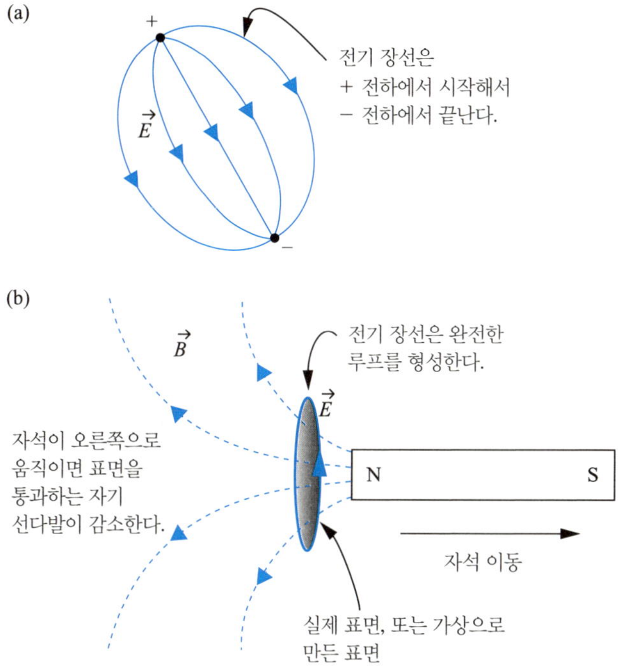

그림 3.1 전하에서 발생하는 전기장과 유도 전기장. 여기서 보는 전기장과 자기장은 3차원 공간에 분포하는 전기장과 자기장을 2차원으로 표시한 것이다. 이 책의 웹사이트를 방문하면 3차원 분포를 볼 수 있다.

로 이루어진 것일 수도 있고 빈 공간에 순전히 가상으로 만든 것일 수도 있는데, 어느 경우이든 경로를 따라 유도 전기장이 발생한다.

$\oint_c ()dl$ 선 적분

패러데이 법칙을 이해하려면 반드시 선 적분(line integral)의 의미를 파악하고 있어야 한다. 이러한 선 적분은 물리학과 공학에서 널리 사용되는 적분의 한 종류로 십중팔구 여러분들은 이미 선 적분과 마주친 경험이 있을 것이다. 여기서는 질량밀도가 일정하지 않은 도선의 총 질량을 구하는 문제를 예로 들어 선 적분의 개념을 다시 한 번 살펴보기로 하자.

[그림 3.2(a)]를 보면 길이 L에 걸쳐 질량밀도가 다른 도선이 놓여있다. 이 도선의 총 질량을 구하기 위해 도선을 여러 개의 작은 조각으로 나눈다. 이때 각 조각의 사이즈는 해당 조각 내에서는 선 질량밀도 λ (단위 길이당 질량)를 일정한 것으로 간주할 수 있을 정도로 아주 작아야 한다. 그러면 i 번째 조각의 질량은 그 조각의 선 질량밀도 λ_i 에 그 조각의 길이 dx_i 을 곱한 것이 된다. 따라서 도선 전체의 질량은 모든 조각의 질량을 합한 것이다.

조각의 개수가 N 개일 때 도선의 총 질량은 다음과 같다.

$$\text{총 질량} = \sum_{i=1}^{N} \lambda_i \, dx_i \tag{3.1}$$

조각의 길이를 0에 접근시켜 한없이 작게 하면 급수는 선 적분으로 바뀐다.

$$\text{총 질량} = \int_0^L \lambda(x) \, dx \tag{3.2}$$

이 적분은 스칼라 함수 $\lambda(x)$ 의 선 적분이다. 패러데이 법칙의 좌변을 완전히 파악하기 위해서는 이러한 스칼라 함수의 선 적분 개념을 확장하여 벡터 장의 경로 적분의 개념에 도달하는 과정을 이해해야 한다. 지금부터 이 내용을 살펴보자.

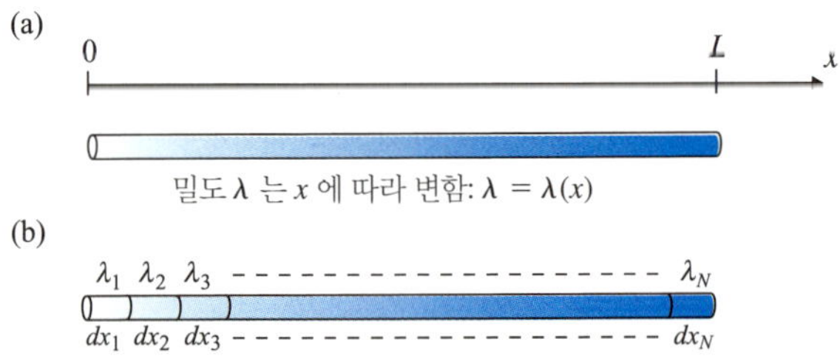

그림 3.2 스칼라 함수의 선 적분

$\oint_C \vec{A} \circ d\vec{l}$ 벡터 장의 선 적분: 순환

닫힌경로를 따라 수행하는 어떤 벡터의 선 적분을 그 벡터의 "순환"(circulation)이라고 한다. "순환"이라는 연산의 의미를 잘 이해할 수 있도록, 물체에 힘을 가해 어떤 경로를 따라 움직이게 할 때 그 힘이 수행한 일을 구해보자.

물체에 힘이 가해져 그 물체의 위치가 변하면 일이 수행된 것이다. 힘 $\vec{F}$가 일정하고 힘의 방향이 물체의 변위 $d\vec{l}$의 방향과 같다고 가정하면 힘 $\vec{F}$가 수행한 일은 힘의 크기와 변위의 크기의 곱이 된다.

$$W = |\vec{F}|\,|d\vec{l}| \tag{3.3}$$

이 상황을 [그림 3.3(a)]에 나타내었다. 많은 경우에, 변위가 일어나는 방향과 힘이 가해지는 방향이 같지 않다. 이때는 [그림 3.3(b)]와 같이 변위 방향으로의 힘의 성분을 구해야 한다.

이 경우에 힘 $\vec{F}$가 수행한 일의 양은 변위 방향으로의 힘의 성분에 변위량을 곱한 것이 된다. 이 계산은 1장에서 살펴본 점곱을 사용하여 다음과 같이 간편하게 나타낼 수 있다.

$$W = \vec{F} \circ d\vec{l} = |\vec{F}||d\vec{l}| \cos(\theta) \tag{3.4}$$

여기서 θ 는 힘과 변위 사이의 각도이다.

가장 일반적인 경우로, 힘 $\vec{F}$가 일정하지 않고 힘과 변위 사이의 각도 θ 도 일정하지 않은 경우를 살펴보자. 이 상황에서는 경로를 이루고 있는 미소조각(변위 $d\vec{l}$)으로의 힘의 정사영이 미소조각마다 다를 수 있다(경로를 따라 힘의 크기가 변하는 경우에도 이런 상황이 생긴다). 이러한 일반적인 경우를 [그림 3.4]에 나타내었다. 그림을 보면 경로가 시작점에서 출발해서 끝점에 이르기까지 구불구불하게 되어 있어서 변위 방향으로의 힘의 성분이 상당히 크게 변하는 상황이 잘 나타나

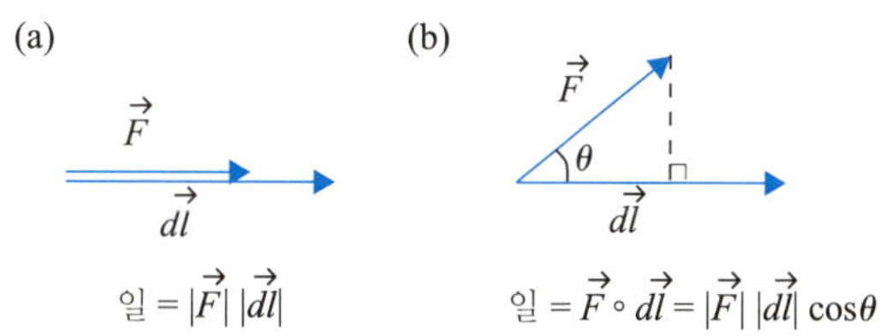

그림 3.3 힘에 의해 움직이는 물체

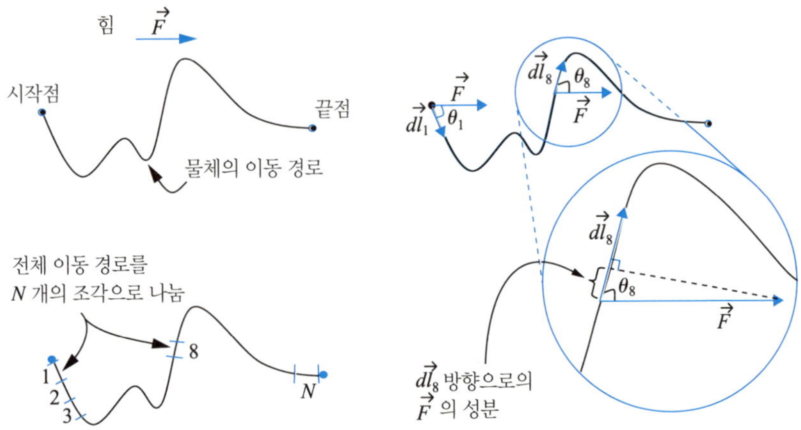

그림 3.4 물체의 이동경로(변위 방향)으로의 힘의 성분

있다.

이 경우에 일을 구하기 위해, 경로를 여러 개의 짧은 조각(짧은 경로)으로 나눈다. 이때 조각의 사이즈는 아주 작아서 각 조각 내에서는 힘의 성분이 일정한 것으로 간주할 수 있다. i 번째 조각에 대해 수행된 미소 일 dW_i 는 그 조각의 길이 $|\vec{dl_i}|$ 에 그 조각 위치에서 경로를 따라가는 방향($\vec{dl}_i$ 의 방향)으로의 힘의 성분을 곱해서 구할 수 있다. 이러한 계산을 수행하는 것이 바로 점곱이므로 이를 수식으로 나타내면 다음과 같다.

$$dW_i = \vec{F} \circ \vec{dl}_i \tag{3.5}$$

따라서 전체 경로를 따라 수행된 일은 각 조각에서 수행된 일을 모두 더하면 된다.

$$W = \sum_{i=1}^{N} dW_i = \sum_{i=1}^{N} \vec{F} \circ \vec{dl}_i \tag{3.6}$$

지금까지 해온 방식대로 조각의 사이즈를 0으로 보내어 한없이 작게 하면 급수 계산은 경로 적분으로 변환된다.

$$W = \int_P \vec{F} \circ \vec{dl} \tag{3.7}$$

따라서 이 경우에 경로 P 를 따라가며 힘 $\vec{F}$가 수행한 일은 경로 P 에 대한 $\vec{F}$의 경로적분(path integral, 선 적분)이 된다. 이 적분은 앞에서 가변질량밀도를 가진 도선의 질량을 구하는 데 사용한 선 적분과 비슷하다. 하지만 이 경우에는 피적분 함수가 스칼라 함수 λ 가 아니라 두 벡터의 점곱이라는 점이 다르다.

지금까지 살펴본 예는 벡터 장(힘)이 균일한 경우이지만 경로를 따라 벡터 장의 크기와 방향이 변하는 경우에도 같은 방식을 적용할 수 있다. 식(3.7)의 우변에 있는 적분에 들어있는 벡터 $\vec{F}$와 경로 P 자리에는 어떤 벡터와 경로도 들어갈 수 있다. 관심 대상인 어떤 경로가 닫혀있는 경우의 선 적분을 그 경로 주위의 벡터 장의 순환(circulation)이라고 한다.

$$\text{순환} \equiv \oint_C \vec{A} \circ d\vec{l} \tag{3.8}$$

전기장의 순환은 패러데이 법칙에서 중요한 부분으로 지금부터 이를 살펴보기로 하자.

$\oint_C \vec{E} \circ d\vec{l}$ 전기장의 순환

유도 전기장의 순환은 닫힌 루프를 형성한다. 따라서 연속인 회로(중간에 끊어진 부분이 없는 회로) 주위에 존재하는 유도 전기장은 이 회로를 따라 대전 입자(전하)를 움직이게 할 수 있다. 회로를 통해 전하가 움직이는 것이 바로 전류(electric current)의 정의이므로 유도 전기장은 전류 발생기(즉 발전기)의 역할을 한다고 말할 수 있다. 따라서 어떤 회로 주위의 전기장의 순환에 "기전력"(electromotive force, emf)이라는 용어를 붙인 것은 어쩌면 당연하다고 할 수 있다.

$$\text{기전력(emf)} = \oint_C \vec{E} \circ d\vec{l} \tag{3.9}$$

물론 전기장의 경로 적분은 힘은 아니고(힘이 되려면 단위가 뉴턴(N)이어야 함) 단위 전하당 힘을 거리에 대해 적분한 것이다(따라서 단위는 (N/C) m = V 로 볼트가 된다). 그렇지만 기전력이라는 용어는 이제 표준으로 정착해서 배터리나 다른 전기 에너지 원(energy source)을 가리킬 때는 물론 유도 전기장을 가리킬 때도 동일하게 "기전력을 공급하는 전원(source of emf)"이라고 부른다.

지금부터 어떤 닫힌경로 주위의 유도 전기장의 순환이 정확하게 무엇인지 알아보자. 이것은 전기장이 단위 전하에 힘을 가해 그 닫힌경로 주위를 따라 한 바퀴 움직이게 하는 동안에 전기장이 수행한 일이다. 이를 확인하기 위해 순환을 계산하는 적분식의 $\vec{E}$ 자리에 $\vec{F}/q$ 를 대입해보자.

$$\oint_C \vec{E} \circ d\vec{l} = \oint_C \frac{\vec{F}}{q} \circ d\vec{l} = \frac{\oint_C \vec{F} \circ d\vec{l}}{q} = \frac{W}{q} \tag{3.10}$$

따라서 유도 전기장의 순환은 단위 전하가 회로(닫힌경로)를 따라 한 바퀴 움직이게 하기 위해 그 단위 전하에 가해준 에너지이다.

$\frac{d}{dt}\int_S \vec{B} \circ \hat{n}\ da$ 자기 선다발의 시간 변화율

패러데이 법칙의 일반형 수식의 우변은 언뜻 보면 상당히 어렵고 복잡해 보이지만 찬찬히 살펴보면 자기 선다발(Φ_B)을 나타내는 수식을 찾을 수 있다.

$$\Phi_B = \int_S \vec{B} \circ \hat{n}\ da$$

자기장용 가우스 법칙에 따라 이 식은 당연히 0이 되어야 한다는 생각이 떠올랐다면 좀 더 주의 깊게 살펴볼 필요가 있다. 이 수식의 적분은 어떤 표면(열린표면) S에 대한 것인 반면, 가우스 법칙의 적분은 특별히 닫힌표면에 대한 것이다. 어떤 열린표면을 통과하는 자기 선다발(자기 장선 수에 비례하는 양)은 0이 되지 않을 게 분명하다. 어떤 표면을 어느 한 방향으로 통과하는 자기 장선의 개수와 그 반대 방향으로 통과하는 자기 장선의 개수가 같은 경우는 그 표면이 닫혀있을 때뿐이다.

따라서 패러데이 법칙의 우변은 어떤 열린표면 S를 통과하는 자기 선다발 - 좀 더 정확히 말해 그 선다발의 시간에 따른 변화율(d/dt) - 이다. 어떤 표면을 통과하는 자기 선다발이 어떻게 하면 변하는지 잘 모르겠다면 수식을 잘 살펴보면서 시간에 따라 무엇이 변하는 것인지 생각해보자. [그림 3.5]에 시간에 따라 자기 선다발이 변하는 세 가지 경우를 나타내었다.

- **$\vec{B}$의 크기가 변하는 경우:** 자기장의 세기가 증가하거나 표면을 뚫고 지나가는 장선의 개수가 변한다.
- **$\vec{B}$의 방향과 표면에 수직인 방향 사이의 각도가 변하는 경우:** $\vec{B}$의 방향이나 표면의 수직 단위 벡터 $\hat{n}$ 의 방향이 변하면 $\vec{B} \circ \hat{n}$ 값이 변한다.
- **표면의 면적이 변하는 경우:** $\vec{B}$의 크기와 방향, $\hat{n}$의 방향이 모두 변하지 않는 경우에도 표면 S의 면적이 변하면 그 표면을 통과하는 자기 선다발의 값이 변한다.

이 세 가지 상황이 개별적으로 또는 함께 발생하면 패러데이 법칙의 우변은 0이 되지 않는다. 패러데이 법칙의 좌변은 유도 기전력이므로, 지금까지의 결과를 종합하면 이제 유도 기전력과 시간에 따라 변하는 자기 선다발 사이의 관계를 이해할 수 있을 것이다.

패러데이 법칙의 수학적인 의미가 실제 상황과 어떻게 관련되는지 알아보기로 하자. [그림 3.5]에 나타낸 자기장과 도체 루프를 살펴보자. 패러데이는 어떤 회로

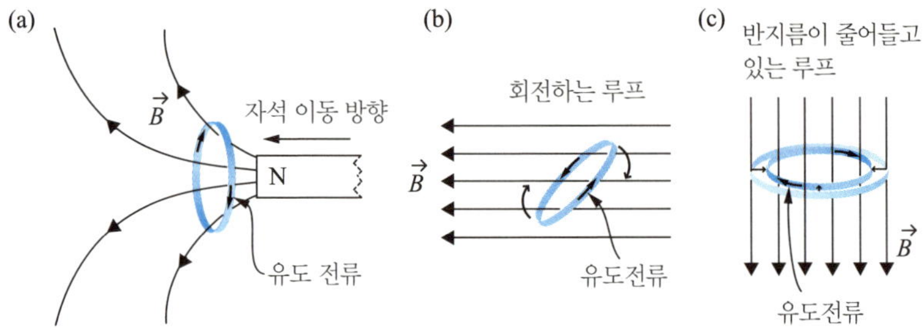

그림 3.5 자기 선다발과 유도 전류

내부를 통과하는 자기 선다발이 있다고 해서 반드시 그 회로 내에 전류가 흐르는 것은 아니라는 사실을 발견했다. 그러므로 도체 루프가 정지해 있고 그 가까이에 있는 자석도 정지해 있으면 도체 루프에 전류가 흐르지 않는다(이 경우 자기 선다발은 시간의 함수가 아니므로 자기 선다발의 시간 미분은 0이다. 따라서 유도 기전력도 0이 될 수밖에 없다).

패러데이 법칙은 어떤 표면을 통과하는 자기 선다발이 "시간에 따라 변하는" 경우에, 그 표면의 경계를 이루는 회로에 기전력을 유도한다는 사실을 말하고 있다. 그러므로 [그림 3.5(a)]와 같이 자석을 루프를 향해 움직이거나 반대로 루프에서 멀어지게 하면 루프로 둘러싸인 표면을 통과하는 자기 선다발이 변하므로 회로(루프)를 따라 유도 기전력이 발생한다.[4]

[그림 3.5(b)]를 보면 자기 선다발의 시간에 따른 변화는 자석이 움직여서 생기는 것이 아니라 루프가 회전해서 생기는 것이다. 루프가 회전하면 자기장과 표면의 단위 수직 벡터 사이의 각도가 변하므로 $\vec{B} \circ \hat{n}$ 값이 달라진다. [그림 3.5(c)]를 보면 루프로 둘러싸인 면적이 시간에 따라 변하므로 그 표면을 통과하는 선다발이 변한다. [그림 3.5]의 세 가지 모든 경우에서, 유도 기전력의 크기는 루프를 통과하는 자기 선다발의 총량에는 영향을 받지 않고 오로지 자기 선다발이 시간에 따라 얼마나 빨리 변하는지에 따라서만 달라진다.

지금부터는 렌츠 법칙에 의해 결정되는 유도 전기장의 방향을 살펴보고 이어서 몇 개의 예제를 풀어보면서 패러데이 법칙을 적용하여 문제를 해결하는 방법을 익히기로 한다.

---

4 루프를 경계(테두리)로 하는 표면이라고 하면 루프 내부의 평평한 표면을 가장 손쉽게 떠올릴 것이다. 그러나 루프를 경계(테두리)로 하고 있는 표면이라면 그 표면이 어떤 모양을 하고 있어도(예를 들어 열린 봉지와 같은 곡면이어도) 패러데이 법칙은 성립한다.

–부호 렌츠 법칙

패러데이 법칙의 우변에 있는 – 부호에는 많은 물리학이 포함되어 있으므로 여기에 렌츠 법칙(Lenz's law)이라는 이름이 붙은 것은 당연한 일이다. 렌츠 법칙은 독일 물리학자 렌츠(Heinrich Lenz)의 이름에서 따왔다. 그는 시간에 따라서 변하는 자기 선다발에 의해 유도되는 전류의 "방향"과 관련하여 특별한 원리가 있음을 꿰뚫어 보았다.

렌츠가 꿰뚫어 보고 알아낸 원리는 다음과 같다. 시간에 따라 변하는 자기 선다발에 의해 유도된 전류는 항상 그 자기 선다발의 변화를 "거스르는" 방향으로 흐른다. 즉 회로(닫힌 도선 루프) 속을 통과하는 자기 선다발이 증가하는 경우, 그 회로에는 유도 기전력이 발생하고 이로 인해 유도 전류가 흐르는데, 이 전류에 의해 발생하는 자기 선다발은 최초 선다발의 증가를 상쇄한다. 이 상황을 [그림 3.6(a)]에 나타내었다. 그림을 보면 자석이 루프를 향해 움직이고 있다. 자석에서 생성되어 루프를 통과하는 왼쪽 방향의 자기 선다발이 증가하고 있는데, 이 경우 이로 인해 루프에 발생하는 유도 전류는 그림과 같은 방향으로 흐른다. 그래야 이 전류에 의해 오른쪽 방향의 자기 선다발이 발생하여 자석의 움직임에 의해 루프에서 증가한 만큼의 자기 선다발을 상쇄하기 때문이다(결국 자기 선다발의 변화에 거스른다).

[그림 3.6(b)]에 또 다른 상황이 나타나 있다. 이 그림을 보면 자석이 움직여 루프로부터 멀어지고 있으므로 자석에서 생성되어 루프를 통과하는 왼쪽 방향의 자기 선다발은 감소하고 있다. 이 경우 이로 인해 루프에 발생하는 유도 전류는 [그

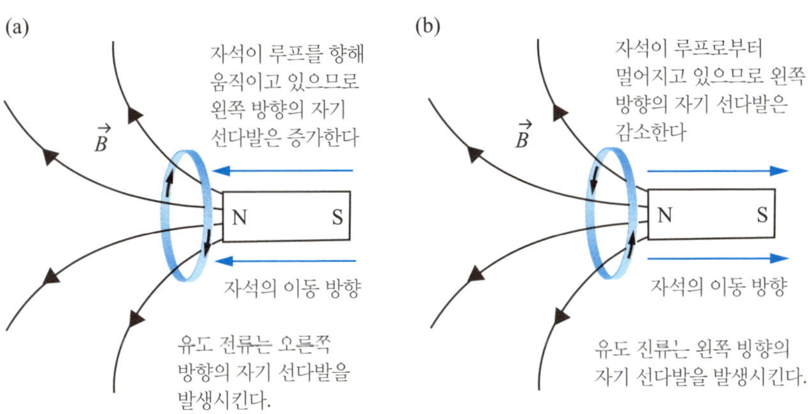

그림 3.6 유도 전류의 방향

림 3.6(a)]와는 반대 방향으로 흐른다. 그래야 이 전류에 의해 왼쪽 방향의 자기 선다발이 발생하여 자석의 움직임에 의해 루프에서 감소한 만큼의 자기 선다발을 보충하기 때문이다(결국 자기 선다발의 변화에 거스른다).

여기서 잘 알아 두어야 할 중요한 내용은 어떤 닫힌 경로(루프) 속을 통과하는 자기 선다발의 시간에 따른 변화는 그 경로가 전류가 흐를 수 있는 전도성 경로이든 아니든 관계없이 그 경로에 전기장을 유도한다는 사실이다. 따라서 렌츠 법칙은 어떤 특정 경로 주위에 유도된 전기장이 회전하는 방향을 알려주는 법칙이다. 여기서 이 특정 경로를 따라 흐르는 전도 전류가 있는 경우는 물론 없는 경우에도 이 유도 전기장은 발생한 것이다.

$\oint_C \vec{E} \circ d\vec{l} = -\frac{d}{dt} \int_S \vec{B} \circ \hat{n}\, da$ 패러데이 법칙(적분형) 적용하기

다음 예제를 보면서 패러데이 법칙을 사용하여 시간에 따라 변하는 자기 선다발과 유도 기전력과 관련한 문제를 푸는 방법을 알아보자.

예제 3.1 자기장이 시간의 함수로 주어질 때, 정해진 사이즈의 루프에 유도되는 기전력 구하기

문제 다음 수식

$$\vec{B}(y,t) = B_0\left(\frac{t}{t_0}\right)\frac{y}{y_0}\,\hat{k}$$

로 주어지는 자기장이 있다. 한 변의 길이가 L 인 정사각형 루프에 유도되는 기전력을 구하라. 또 이 루프에 흐르는 전류의 방향을 구하라. 단 루프는 한 모서리가 원점에 맞춰진 상태로 xy 평면에 놓여 있다.

풀이 패러데이 선다발 규칙을 수식으로 쓰면 다음과 같다.

$$\text{기전력} = -\frac{d}{dt}\int_S \vec{B} \circ \hat{n}\, da$$

루프가 xy 평면에 놓여 있으므로 루프 표면의 수직 단위 벡터는 $\hat{n} = \hat{k}$ 이고 미소면적은 $da = dx\,dy$ 이다. 따라서

$$\text{기전력} = -\frac{d}{dt}\int_{y=0}^{L}\int_{x=0}^{L} B_0\left(\frac{t}{t_0}\right)\frac{y}{y_0}\hat{k} \circ \hat{k}\, dx\, dy$$

이 된다. 이 적분을 계산하면

$$\text{기전력} = -\frac{d}{dt}\left[L\int_{y=0}^{L} B_0\left(\frac{t}{t_0}\right)\frac{y}{y_0}dy\right] = -\frac{d}{dt}\left[B_0\left(\frac{t}{t_0}\right)\frac{L^3}{2y_0}\right]$$

이 된다. 위 식에서 미분을 계산하면

$$\text{기전력} = -B_0 \frac{L^3}{2t_0 y_0}$$

가 된다. 이 문제에서 루프 위쪽 방향($\hat{k}$)을 향하는 자기 선다발이 시간에 따라 증가하고 있으므로 유도 전류는 아래쪽 방향($-\hat{k}$)을 향하는 선다발을 발생시킬 수 있는 방향으로 흘러야 한다. 따라서 유도 전류가 흐르는 방향은 루프를 위에서 바라볼 때 시계 방향이다.

예제 3.2 일정한 자기장이 분포해 있는 공간에 놓여 있는 도체 루프의 회전 방식이 수식으로 주어질 때, 루프에 유도되는 기전력 구하기

문제 아래 그림과 같이 일정한 자기장 속에서 반지름이 r_0인 원형 루프가 각속도 ω로 회전하고 있다.

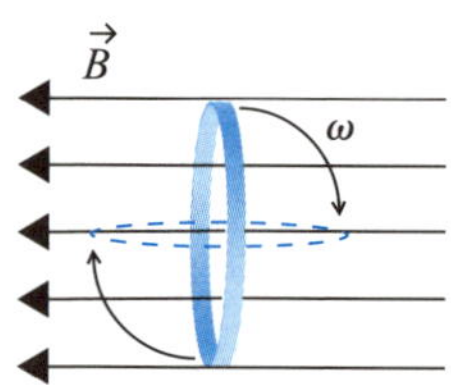

(a) 루프에 유도되는 기전력을 수식으로 구하라.

(b) 자기장의 크기가 25 μT, 루프의 반지름이 1 cm, 루프의 전체 저항이 25 Ω, 각속도가 3 rad/s일 때 루프에 흐르는 전류의 최댓값을 구하라.

풀이 (a) 패러데이 선다발 규칙을 수식으로 쓰면 다음과 같다.

$$\text{기전력} = -\frac{d}{dt}\int_S \vec{B} \circ \hat{n}\, da$$

자기장의 크기와 방향은 일정하고 또 루프의 면적은 변하지 않으므로 위 식은 다음과 같이 쓸 수 있다.

$$\text{기전력} = -\int_S \frac{d}{dt}(\vec{B} \circ \hat{n})\, da = -\int_S |\vec{B}| \frac{d}{dt}(\cos\theta)\, da$$

여기서 θ 는 자기장과 루프 표면의 단위 수직 벡터 사이의 각도이다. $\theta = \omega t$ 를 대입하면

$$\text{기전력} = -\int_S |\vec{B}| \frac{d}{dt} (\cos \omega t)\, da = -|\vec{B}| \frac{d}{dt} (\cos \omega t) \int_S da$$

이 된다. 위 식에서 미분을 계산하고 이어서 적분을 계산한 다음 정리하면 최종적으로 다음 결과를 얻을 수 있다.

$$\text{기전력} = |\vec{B}| \omega (\sin \omega t)(\pi r_0^2)$$

(b) 옴 법칙에 따라 전류는 기전력을 회로의 저항으로 나누어 구할 수 있다.

$$I = \frac{\text{기전력}}{R} = \frac{|\vec{B}| \omega (\sin \omega t)(\pi r_0^2)}{R}$$

$\sin(\omega t) = 1$ 일 때 전류는 최대가 된다. 따라서 전류의 최댓값은 다음과 같다.

$$I = \frac{(25 \times 10^{-6})(3)[\pi(0.01^2)]}{25} = 9.4 \times 10^{-10}\ \text{A}$$

예제 3.3 일정한 자기장이 분포해 있는 공간에 놓여 있는 도체 루프의 사이즈 변화가 수식으로 주어질 때, 루프에 유도되는 기전력 구하기

문제 일정한 자기장 속에, 자기장의 방향과 수직으로 원형 루프가 놓여있다. 이 루프의 사이즈는 시간에 따라 줄어들고 있다. 이 루프의 반지름이 시간의 함수로

$$r(t) = r_0(1 - t/t_0)$$

와 같이 주어질 때 루프에 유도되는 기전력을 구하라.

풀이 루프가 자기장과 수직으로 놓여 있으므로 루프 표면의 단위 수직 벡터 $\hat{n}$는 자기장 $\vec{B}$의 방향과 평행이다. 패러데이 선다발 규칙에 따라

$$\text{기전력} = -\frac{d}{dt} \int_S \vec{B} \circ \hat{n}\, da = -|\vec{B}| \frac{d}{dt} \int_S da = -|\vec{B}| \frac{d}{dt} (\pi r^2)$$

이 된다. $r = r(t)$ 를 대입한 다음 미분을 계산하면

$$기전력 = -|\vec{B}|\frac{d}{dt}\left[\pi r_0^2\left(1-\frac{t}{t_0}\right)^2\right] = -|\vec{B}|\left[\pi r_0^2(2)\left(1-\frac{t}{t_0}\right)\left(-\frac{1}{t_0}\right)\right]$$

또는

$$기전력 = \frac{2|\vec{B}|\pi r_0^2}{t_0}\left(1-\frac{t}{t_0}\right)$$

이 된다.

3.2 미분형 패러데이 법칙

패러데이 법칙의 미분형은 일반적으로 다음과 같이 쓸 수 있다.

$$\vec{\nabla}\times\vec{E} = -\frac{\partial\vec{B}}{\partial t} \qquad \text{패러데이 법칙(미분형)}$$

수학적으로 설명하면 이 방정식의 좌변은 전기장의 회전(curl)이다. 회전이란 어떤 한 점(특정 위치) 주위에 대해 장선(field line)이 순환하는 성향을 말한다. 방정식의 우변은 자기장의 시간에 따른 변화율이다.

전기장의 회전에 대해서는 바로 다음 절에서 자세히 다룬다. 지금 중요한 것은 미분형 패러데이 법칙의 의미를 확실히 이해하는 것이다.

시간에 따라 변하는 자기장은 순환하는 전기장을 생성한다.

패러데이 법칙의 미분형에 대해 잘 이해할 수 있도록 다음 그림에 수식을 구성하는 각 기호의 의미를 설명하였다.

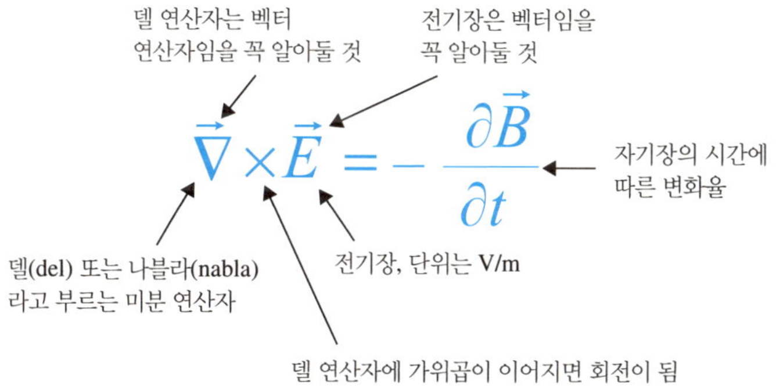

$\vec{\nabla}\times$ 델-가위곱: 회전

벡터 장의 회전(curl)은 어떤 한 점 주위에 대해 그 벡터 장이 순환하는 정도가 얼마큼인지 나타내는 척도이다. 회전은 어떤 한 점으로부터 벡터 장이 흘러 나가는 정도를 나타내는 발산과 닮은 데가 있다. 맥스웰은 회전을 가리키는 용어를 정할 때 "curl" 이외에도 "turn", "twirl" 등을 검토하다가 최종적으로 curl을 선택했다.

어떤 점의 발산을 정의할 때, 그 점을 내부에 포함하는 무한히 작은 닫힌표면을 만들고 이를 통과하는 단위부피당 선다발을 고려했던 방식과 마찬가지로 어떤 점의 회전은 그 점 주위를 둘러싸는 무한히 작은 닫힌경로를 만들고 이 경로에 대해 단위면적당 순환을 구하는 방식으로 정의한다. 어떤 벡터 장 $\vec{A}$의 회전을 정의하는 수식은 다음과 같다.

$$\vec{A}\text{의 회전} = \mathrm{curl}(\vec{A}) \circ \hat{n} = (\vec{\nabla}\times\vec{A}) \circ \hat{n} \equiv \lim_{\Delta S\to 0} \frac{1}{\Delta S}\oint_C \vec{A} \circ d\vec{l} \tag{3.11}$$

여기서 C 는 관심 대상인 한 점(point) 주위를 둘러싸는 닫힌경로이고 ΔS 는 그 경로로 둘러싸인 표면의 면적이다. 이 정의에서 회전의 방향은 닫힌경로로 둘러싸인 표면에 수직인 방향이다. 이 방향은 다시 말해 벡터의 순환(circulation)이 최대인 방향이다.

이 수식은 회전을 정의하는 데는 유용하지만 실제로 주어지는 특정 벡터 장의 회전을 계산하는 데는 별로 도움이 되지 않는다. 계산에 편리한 회전 수식에 대해서는 잠시 뒤에 다루기로 하고 먼저 [그림 3.7]에 표시한 벡터 장을 살펴보자.

이들 벡터 장에서 회전 값이 큰 위치를 찾아보자. 장선(field line)을 어떤 유체(fluid, 예를 들어 물)의 유선(flow line, 흐름)에 비유해보자. 이제 그림에서 다음과 같은 점(point)들을 찾아보도록 하는데, 점이 있는 곳을 중심으로 어느 한편의 흐름 벡터와 그 반대편의 흐름 벡터의 차이(크기 차이, 방향 차이, 또는 크기와 방향 모두 차이)가 크게 나는 점이어야 한다.

여기서 반지름 방향에 날개가 달린 작은 물레방아(paddle wheel)를 흐르는 유체 속에 넣은 경우를 상상해보자(그림 4.11 참조). 유체의 흐름에 의해 물레방아가 회전하는 경우, 물레방아 중심(회전축)이 위치한 곳이 바로 회전(curl)이 0이 아닌 점이다. 이때 회전의 방향은 물레방아 회전축이 가리키는 방향이다(회전은 벡터이므로 크기와 방향을 함께 가져야 한다). 통상적으로 오른손 규칙(right-hand rule)에 따라 회전이 + 인 방향을 정한다. 즉 오른손 손가락들(엄지 제외)을 회전 방향

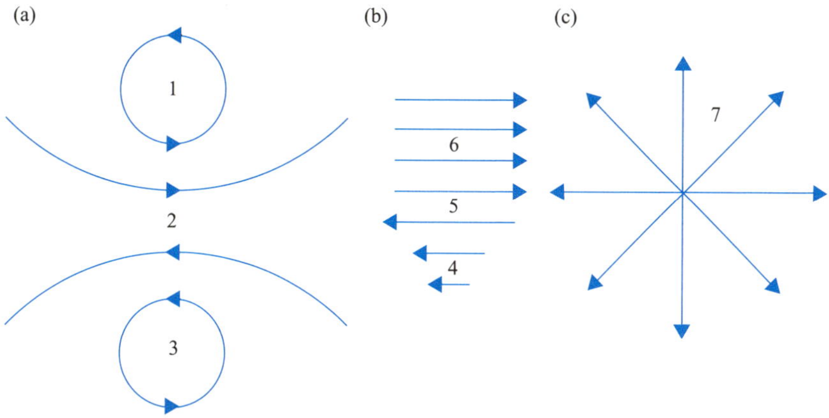

그림 3.7 다양한 회전 값을 갖는 벡터 장

(물레방아가 도는 방향)에 맞출 때 오른손 엄지손가락이 가리키는 방향이 회전 값이 + (양수)인 방향이다.

'물레방아 검사법'을 적용하여 [그림 3.7]에서 회전 값이 큰 위치를 찾아보자. 그러면 [그림 3.7(a)]에서는 ①점, ②점, ③점, [그림 3.7(b)]에서는 ④점, ⑤점임을 어렵지 않게 알아낼 수 있을 것이다. [그림 3.7(b)]의 ⑥점 주위에는 흐름 벡터가 균일하고 [그림 3.7(c)]의 ⑦점 주위에는 흐름 벡터가 발산하고(퍼져 나가고) 있으므로 여기에 작은 물레방아를 놓아도 회전하지 않을 것이다. 이는 이들 점이 회전이 0인 점임을 말하는 것이다.

벡터의 회전 정도를 숫자(값)로 나타내기 위해 직각좌표계에서 벡터 장 $\vec{A}$의 회전 계산식, 즉 "델-가위곱"($\vec{\nabla}\times$) 계산식을 다음과 같은 미분형태로 쓸 수 있다.

$$\vec{\nabla}\times\vec{A} = \left(\hat{i}\frac{\partial}{\partial x} + \hat{j}\frac{\partial}{\partial y} + \hat{k}\frac{\partial}{\partial z}\right) \times (\hat{i}A_x + \hat{j}A_y + \hat{k}A_z) \tag{3.12}$$

이 식은 다음과 같이 행렬식(determinant)으로 나타낼 수 있다.

$$\vec{\nabla}\times\vec{A} = \begin{vmatrix} \hat{i} & \hat{j} & \hat{k} \\ \frac{\partial}{\partial x} & \frac{\partial}{\partial y} & \frac{\partial}{\partial z} \\ A_x & A_y & A_z \end{vmatrix} \tag{3.13}$$

이 식을 전개하면 다음과 같다.

$$\vec{\nabla}\times\vec{A} = \left(\frac{\partial A_z}{\partial y} - \frac{\partial A_y}{\partial z}\right)\hat{i} + \left(\frac{\partial A_x}{\partial z} - \frac{\partial A_z}{\partial x}\right)\hat{j} + \left(\frac{\partial A_y}{\partial x} - \frac{\partial A_x}{\partial y}\right)\hat{k} \tag{3.14}$$

이 식에서 $\vec{\nabla}\times\vec{A}$의 각 방향 성분은 세 좌표 평면 중 어느 한 평면에서 벡터 장 $\vec{A}$의 회전 성향이 얼마큼인지 나타낸다. 예를 들어 어떤 한 점에서 벡터 장의 회전을 구했을 때 x 성분이 크다면 이 벡터 장은 yz 평면에서 그 점 주위로 순환 값이 크다는 것을 의미한다. $\vec{\nabla}\times\vec{A}$의 방향은 그 방향을 축으로 하는 회전 값이 최대가 되는 방향이다. 이때 회전 방향은 오른손 규칙을 따르는 방향이다.

[그림 3.8]에 표시한 벡터 장을 보면서 식(3.14)에 있는 각 항은 회전을 어떤 식으로 계산하는지 알아보자. 먼저 [그림 3.8(a)]의 벡터 장을 살펴보자. 벡터 장의 회전을 계산하는 식(3.14)에 들어있는 첫째 항은 y 에 대한 A_z 의 변화와 z 에 대한 A_y 의 변화와 관련이 있다. y 축을 따라 관심 대상 점(point)의 왼쪽에서 오른쪽으로 움직이는 동안에 A_z 값은 증가한다(대상 점의 왼쪽에서 A_z 는 $-z$ 축을 향하므로 $-$ 값이고 오른쪽에서 A_z 는 $+z$ 축을 향하므로 $+$ 값이다). 따라서 y 에 대한 A_z 의 변화 $\partial A_z/\partial y$ 는 $+$ 값이 돼야 한다. 이번에는 A_y 를 살펴보자. 관심 대상 점 아래쪽에서 A_y 는 $+$ 값이고 위쪽에서 A_y 는 $-$ 값이므로 z 축을 따라 움직이는 동안에 A_y 값은 감소한다. 따라서 z 에 대한 A_y 의 변화 $\partial A_y/\partial z$ 는 $-$ 값이 된다. $\partial A_z/\partial y$ 값에서 $\partial A_y/\partial z$ 값을 뺀 계산결과는 더욱 커진다. 따라서 이 대상 점에서 회전은 큰 값이 된다. [그림 3.8(a)]에서 $\vec{A}$의 흐름 벡터의 형태를 보면 이러한 결과가 나올 것이라는 예상할 수 있다.

[그림 3.8(b)]의 상황은 [그림 3.8(a)]와는 전혀 다르다. 이 경우 $\partial A_y/\partial z$ 와 $\partial A_z/\partial y$ 값은 둘 다 $+$ 값이어서 이 둘을 뺀 계산결과는 아주 작은 값이 된다. 따라서 회전의 x 성분은 작은 값이 된다. 모든 점에서 회전이 0인 벡터 장을 "비회전

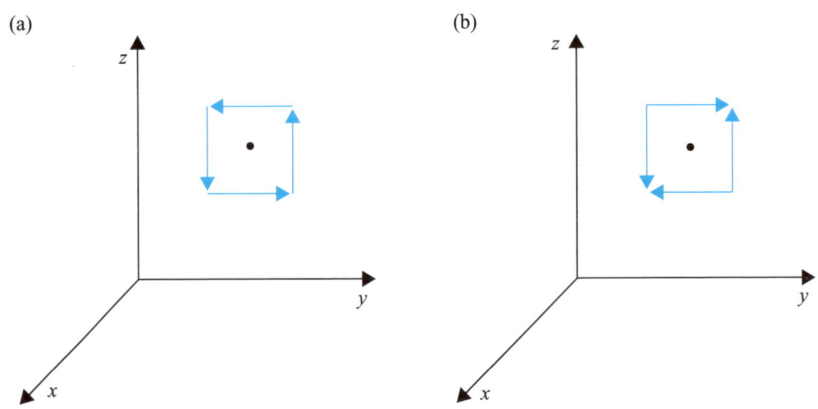

그림 3.8 $\partial A_y/\partial z$ 와 $\partial A_z/\partial y$ 이 회전 값에 미치는 영향

장"(irrotational field)이라고 한다.

회전 계산식을 원통 좌표계와 구 좌표계로 나타내면 다음과 같다.

$$\begin{aligned}\vec{\nabla}\times\vec{A} \equiv & \left(\frac{1}{r}\frac{\partial A_z}{\partial\phi}-\frac{\partial A_\phi}{\partial z}\right)\hat{r}+\left(\frac{\partial A_r}{\partial z}-\frac{\partial A_z}{\partial r}\right)\hat{\phi} \\ & +\frac{1}{r}\left(\frac{\partial(rA_\phi)}{\partial r}-\frac{\partial A_r}{\partial\phi}\right)\hat{z} \quad \text{(원통 좌표계)}\end{aligned} \tag{3.15}$$

$$\begin{aligned}\vec{\nabla}\times\vec{A} \equiv & \frac{1}{r\sin\theta}\left(\frac{\partial(A_\phi\sin\theta)}{\partial\theta}-\frac{\partial A_\theta}{\partial\phi}\right)\hat{r}+\frac{1}{r}\left(\frac{1}{\sin\theta}\frac{\partial A_r}{\partial\phi}-\frac{\partial(rA_\phi)}{\partial r}\right)\hat{\theta} \\ & +\frac{1}{r}\left(\frac{\partial(rA_\theta)}{\partial r}-\frac{\partial A_r}{\partial\theta}\right)\hat{\phi} \quad \text{(구 좌표계)}\end{aligned} \tag{3.16}$$

$\vec{\nabla} \times \vec{E}$ 전기장의 회전

전하에 의해 발생하는 전기장은 + 전하로부터 퍼져 나가고 – 전하로 모여 든다. 따라서 이 전기장의 장선은 순환하여 자신에게 되돌아올 수 없다. [그림 3.9(a)]에 표시한 전기 다이폴(dipole, 쌍극자)의 장선을 보고 이 내용을 이해해보자. + 전하에서 출발해서 – 전하를 거쳐 다시 + 전하로 되돌아오는 수많은 닫힌경로 중에서 그림에 점선으로 표시한 경로를 선택하고 이 경로를 따라 이동해보자. 닫힌경로를 만들기 위해서는 전기 장선의 방향을 따라 + 전하에서 – 전하로 이동한 다음에 이번에는 전기 장선의 방향을 거슬러 – 전하에서 + 전하로 되돌아가야 한다. 되돌아가는 경로의 미소길이에 대해서는 $\vec{E}$와 $|d\vec{l}|$이 서로 반대 방향을 향하므로 $\vec{E} \circ d\vec{l}$이 – 값이 되어 $\vec{E}$와 $|d\vec{l}|$이 같은 방향인 경로 부분에서 + 로 나온 $\vec{E} \circ d\vec{l}$ 값에서 그만큼이 빠진다. 닫힌경로(루프)를 한 바퀴 돌고 나면 $\vec{E} \circ d\vec{l}$을 적분한 결과는 정확히 0이 된다.

따라서 전기 다이폴의 전기장은 다른 모든 정전기장과 마찬가지로 회전이 0이다.

[그림 3.9(b)]에는 시간에 따라 변하는 자기장에 의해 발생하는 유도 전기장을 나타내었는데, 이 전기장은 전하에 의해 발생하는 전기장과 전혀 다르다. 시간에 따라 변하는 자기장이 존재하면 순환하는 전기장이 유도된다. 전하에 의해 발생하는 전기장과는 달리 유도 전기장은 시작점과 끝점이 없이 연속이고 순환하며 자신에게 되돌아온다. 시간에 따라 변하는 $\vec{B}$가 통과하고 있는 표면의 경계를 이루는 경로를 따라 $\vec{E} \circ d\vec{l}$을 적분한 결과는 0이 아니다. 이는 유도 전기장은 회전(curl)

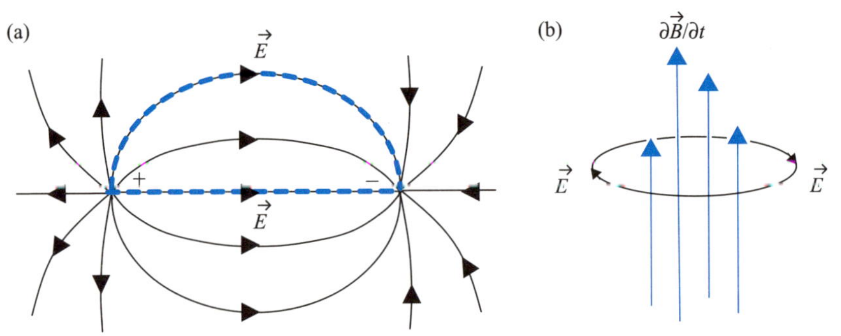

그림 3.9 전하에 의해 발생하는 전기장과 시간에 따라 변하는 자기장에 의해 발생하는 유도 전기장의 비교.

을 가지고 있다는 의미이다. $\vec{B}$가 시간에 따라 빠르게 변할수록 유도 전기장의 회전 값은 커진다.

$\vec{\nabla}\times\vec{E} = -\frac{\partial\vec{B}}{\partial t}$ 패러데이 법칙(미분형) 적용하기

미분형 패러데이 법칙은 전자파 파동 방정식을 유도하는 데 사용되는데 이에 대해서는 5장에서 자세히 다룬다. 미분형 패러데이 법칙을 사용하여 풀 수 있는 문제의 유형에는 다음 두 가지가 있다. 하나는 시간의 함수로 자기장의 수식이 주어질 때 유도 전기장의 회전을 구하는 것이다. 나머지 하나는 유도 전기장 벡터 수식이 주어질 때 자기장의 시간 변화율을 구하는 것이다. 지금부터 이와 관련한 예제 두 개를 풀어보자.

예제 3.4 자기장 수식이 시간 함수로 주어질 때 유도 전기장의 회전 구하기

문제 어떤 영역에서 다음 식으로 주어지는 자기장이 있다.

$$\vec{B}(t) = B_0\cos(kz - \omega t)\,\hat{j}$$

(a) 이 자기장에 의해 발생하는 유도 전기장의 회전을 구하라.

(b) E_z 가 0일 때 E_x 를 구하라.

풀이 (a) 패러데이 법칙에 따라 전기장의 회전은 자기장을 시간에 대해 미분하고 그 결과에 – 부호를 붙여 구할 수 있다.

$$\vec{\nabla}\times\vec{E} = -\frac{\partial\vec{B}}{\partial t} = -\frac{\partial[B_0\cos(kz-\omega t)]\,\hat{j}}{\partial t}$$

$$\vec{\nabla}\times\vec{E} = -\omega B_0\sin(kz-\omega t)\,\hat{j}$$

(b) 회전 계산식을 직각 좌표계의 성분으로 나타내면

$$\left(\frac{\partial E_z}{\partial y} - \frac{\partial E_y}{\partial z}\right)\hat{i} + \left(\frac{\partial E_x}{\partial z} - \frac{\partial E_z}{\partial x}\right)\hat{j} + \left(\frac{\partial E_y}{\partial x} - \frac{\partial E_x}{\partial y}\right)\hat{k} = -\omega B_0\sin(kz-\omega t)\hat{j}$$

이 된다. 위 식에서 $\hat{j}$ 성분을 서로 같게 놓고 $E_z = 0$ 을 대입하면

$$\left(\frac{\partial E_x}{\partial z}\right) = -\omega B_0\sin(kz-\omega t)$$

이 된다. 이 식을 z 에 대해 적분하면

$$E_x = \int -\omega B_0 \sin(kz - \omega t) dz = \frac{\omega}{k} B_0 \cos(kz - \omega t)$$

을 얻을 수 있다.

예제 3.5 유도 전기장의 수식이 주어질 때, 자기장의 시간 변화율 구하기

문제 어떤 영역에서 다음 식으로 주어지는 유도 전기장이 있다.

$$\vec{E}(x, y, z) = E_0 \left[\left(\frac{z}{z_0} \right)^2 \hat{i} + \left(\frac{x}{x_0} \right)^2 \hat{j} + \left(\frac{y}{y_0} \right)^2 \hat{k} \right]$$

이 영역에서 자기장의 시간 변화율을 구하라.

풀이 패러데이 법칙에 따라 유도 전기장의 회전은 자기장을 시간에 대해 미분한 결과에 − 부호를 붙인 것과 같으므로 자기장의 시간 변화율은 다음과 같다.

$$\frac{\partial \vec{B}}{\partial t} = -\vec{\nabla} \times \vec{E}$$

이를 직각좌표계의 성분으로 나타내어 계산하면

$$\frac{\partial \vec{B}}{\partial t} = -\left(\frac{\partial E_z}{\partial y} - \frac{\partial E_y}{\partial z} \right) \hat{i} - \left(\frac{\partial E_x}{\partial z} - \frac{\partial E_z}{\partial x} \right) \hat{j} - \left(\frac{\partial E_y}{\partial x} - \frac{\partial E_x}{\partial y} \right) \hat{k}$$

$$\frac{\partial \vec{B}}{\partial t} = -E_0 \left[\left(\frac{2y}{y_0^2} \right) \hat{i} + \left(\frac{2z}{z_0^2} \right) \hat{j} + \left(\frac{2x}{x_0^2} \right) \hat{k} \right]$$

이 된다.

연/습/문/제

다음 문제를 풀어보면서 패러데이 법칙을 얼마나 잘 이해하고 있는지 검사하라. 해답은 이 책의 웹사이트에서 확인할 수 있다.

3.1 시간에 따라 변하는 자기장 $\vec{B}(t) = B_0 e^{-5t/t_0}\hat{i}$ 이 존재하는 영역에 한 변의 길이가 a인 정사각형 루프가 yz 평면에 놓여 있다. 이 루프에 유도되는 기전력을 구하라.

3.2 일정한 자기장 $\vec{B}$가 존재하는 영역에 한 변의 길이가 L인 사각형 도체 루프가 회전하고 있다. 루프 평면에 수직인 방향과 자기장 $\vec{B}$ 사이의 각도가 시간에 따라 $\theta(t) = \theta_0(t/t_0)$ 로 변할 때 루프에 유도되는 기전력을 구하라.

3.3 아래 그림과 같이 일정한 크기의 자기장이 균일하게 분포해있는 영역에 도체 레일이 놓여 있다. 자기장의 방향은 책 속으로 들어가는 방향이다. 이 레일을 따라 도체 막대가 속력 v로 하강하고 있을 때 다음 물음에 답하라.

(a) 막대와 레일로 형성되는 루프에 유도되는 기전력의 수식을 구하라.

(b) 루프에 흐르는 전류의 방향을 구하라.

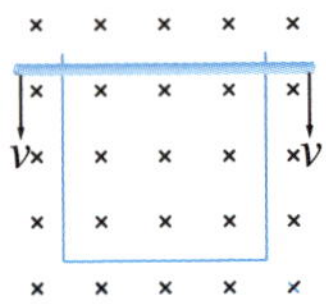

그림 P3.3

3.4 아래 그림과 같이 크기가 B_0 인 자기장이 존재하는 영역 속으로 한 변의 길이가 a 인 정사각형 루프가 속력 v 로 들어오고 있다. 루프 평면은 자기장의 방향과 수직이다. 루프가 자기장 영역에 들어와 그 영역 속을 따라 이동해서 영역을 빠져 나오는 동안에 루프에 유도되는 기전력을 그래프로 그려라.

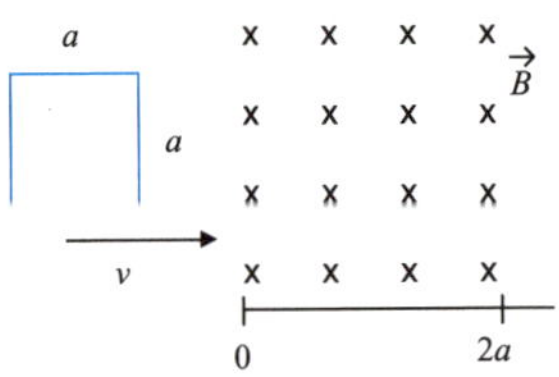

그림 P3.4

3.5 아래 그림을 보면 도선으로 만든 반지름 20 cm의 원형 루프의 한 가운데에 길이 38 cm, 반지름 10 cm의 5회 감긴 솔레노이드가 들어있다. 원형 루프의 저항은 12 Ω이다. 솔레노이드의 전류가 2초 동안 80 mA에서 300 mA까지 선형적으로(일정한 비율로) 증가할 때 루프에 유도되는 최대 전류를 구하라.

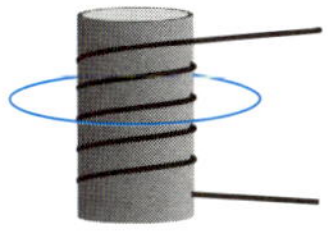

그림 P3.5

3.6 크기가 3.5 mT이며 수직 방향을 향하고 있는 자기장이 분포해 있는 영역에서 125회 감긴 도선으로 이루어진 직사각형 코일이 수평축을 중심으로 회전하고 있다. 직사각형 코일의 치수는 25 cm×40 cm이다. 코일에 유도되는 기전력이 5 V가 되기 위한 코일의 회전속력을 구하라.

3.7 길이가 긴 솔레노이드에 흐르는 전류가 $I(t) = I_0 \sin(\omega t)$ 로 변하고 있다. 패러데이 법칙을 사용하여 솔레노이드의 외부 영역과 내부 영역에 유도되는 전기장을 r 의 함수로 구하라. 여기서 r 은 솔레노이드의 축에서 수직방향으로 떨어진 거리이다.

3.8 아래 그림과 같이 길이가 긴 도선에서 거리 d 만큼 떨어진 위치에 한 변의 길이가 s 인 정사각형 루프가 도선과 같은 평면에 놓여 있다. 도선에 흐르는 전류가 $I(t) = I_0 e^{-t/\tau}$ 로 감소하고 있을 때 사각형 루프에 유도되는 기전력을 구하라.

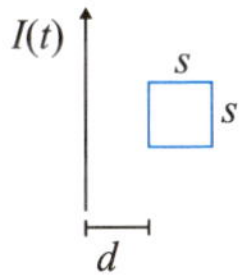

그림 P3.8

4

암페어 – 맥스웰 법칙

수천 년 동안 자기장을 발생하는 원천으로 알려진 것은 몇몇 특정 철광석과 우연히 자성을 띠게 된 물질 또는 의도적으로 자성을 띠게 만든 물질뿐이었다. 그런데 1820년 프랑스 물리학자 앙페르(Andre-Marie Ampere)는 덴마크의 에르스텟(Hans Christian Oersted)의 실험내용을 전해 들었다. 에르스텟은 도선(철사)에 전류를 흘려보내면 그 도선 옆에 놓인 나침반의 바늘이 움직여 가리키는 방향이 바뀐다는 사실을 알아냈다. 이 날부터 일주일도 채 지나지 않아 되어 앙페르는 전류와 자기장 사이의 관계를 정량화하는 연구에 착수했다.

정상전류[1](steady electric current, 즉 직류전류)와 그 주위를 순환하는 자기장의 관계를 설명해주는 "암페어 법칙"(Ampere's law)은 맥스웰이 전자기학 분야에서 연구를 수행하기 시작했던 1950년대에는 그 내용이 잘 알려져 있었다. 그러나 그 당시 암페어 법칙은 직류전류가 흐르는 정적인 경우에만 적용이 된다고 알려져 있었다. 맥스웰은 이 암페어 법칙에 자기장의 또 다른 원천 –시간에 따라 변하는 전기 선다발– 을 추가하여 암페어 법칙이 정적인 경우는 물론 시간에 따라 변하는 경우까지 적용되게 하였다. 시간에 따라 변하는 전기 선다발이 추가된 암페어 법칙을 오늘날에는 암페어-맥스웰 법칙(Ampere-Maxwell law)이라고 부른다. 더욱 중요한 사실은 새롭게 추가된 항 덕분에 맥스웰은 빛(light)의 본질이 전자기적인 파동임을 알아내어 전자기학(electromagnetism)이라는 종합적인 이론으로 발전시켰다는 점이다.

4.1 적분형 암페어-맥스웰 법칙

적분형 암페어-맥스웰 법칙은 일반적으로 다음과 같은 형태로 쓸 수 있다.

$$\oint_C \vec{B} \circ d\vec{l} = \mu_0 \left(I_{\text{내부}} + \varepsilon_0 \frac{d}{dt} \int_S \vec{E} \circ \hat{n}\, da \right) \quad \text{암페어-맥스웰 법칙}$$

이 방정식의 좌변을 수학적으로 설명하면 어떤 닫힌경로 C 주위에 대한 자기장의 순환(circulation)이다. 방정식의 우변에는 자기장의 원천이 두 개 들어있다. 하나는 정적인 전도전류(conduction current), 나머지 하나는 경로 C로 둘러싸인 표면

1 [옮긴이] 여기서 정상(定常, steady)은 사전적으로 '시간에 따른 변화 없이 늘 한결같음'의 뜻을 가진 단어로 normal/abnormal의 정상/비정상(正常/非正常)과는 의미가 다르다 정상전류는 시간에 따라 크기가 변하지 않으며 전하가 어느 곳에서도 멈춰 쌓이지 않는 연속적인 전하의 흐름이다. 따라서 도선에 정상전류가 흐르면 전류의 크기는 도선의 어느 곳에서나 똑같아지므로 정상전류는 결국 직류전류(dc current)이다. 정상전류에 대한 자세한 설명은 '기초전자기학(원서 : Introduction to Electrodynamic, 3rd Ed.), Griffiths 저, 김진승 역, 223쪽(원서는 215쪽)'을 참조하기 바란다.

S를 통과하는 시간에 따라 변하는 전기 선다발이다.

이번 4장에서는 자기장의 순환을 살펴본다. 또 $\vec{B}$를 계산하는 데 어떤 전류를 포함시켜야 하는지 알아내는 방법을 설명하고, 시간에 따라 변하는 전기 선다발을 "변위전류"(displacement current)라는 용어로 부르는 까닭을 설명한다. 또한 예제를 몇 개 풀어보면서 암페어-맥스웰 법칙을 사용하여 전류와 자기장과 관련된 문제를 해결하는 방법을 알아본다. 다른 법칙들을 처음 배웠을 때와 마찬가지로 여기서도 무엇보다 중요한 것은 암페어-맥스웰 법칙을 확실히 이해하는 것으로 그 내용은 다음과 같다.

> 어떤 표면을 통과하는 전류 또는 시간에 따라 변하는 전기 선다발은 그 표면의 경계를 이루고 있는 경로 주위에 회전하는 자기장을 생성한다.

다시 말해 어떤 경로가 전류를 빙 돌아 둘러싸고 있거나 어떤 경로를 경계로 하는 임의의 표면을 통과하는 전기 선다발이 시간에 따라 변하면 그 경로 주위에 자기장이 발생한다.

꼭 알아두어야 할 중요한 사항은 여기서 말하는 경로는 실제 경로이든 순전히 가상으로 만든 경로이든 상관이 없다는 사실이다. 따라서 경로가 실제로 존재하든 아니든 자기장은 발생한다.

다음에 암페어-맥스웰 법칙의 수식을 구성하는 각 기호의 의미를 설명하였다.

$$\oint_C \vec{B} \circ d\vec{l} = \mu_0 \left(I_{내부} + \varepsilon_0 \frac{d}{dt} \int_S \vec{E} \circ \hat{n}\, da \right)$$

- 동그라미 기호는 닫힌경로에 대해 적분을 수행함을 표시
- 자기장은 벡터로 표시되는 양
- 점곱은 경로 C를 따라가며 $\vec{B}$의 $d\vec{l}$ 방향 성분을 구함
- 경로 C의 미소 조각(미소길이 벡터)
- 전류, 단위는 암페어(Ampere, A)
- 시간에 따른 변화율
- 표면에 수직인 단위벡터
- 적분 기호는 오른손 규칙을 따르는 방향으로 닫힌경로 C의 각 부분(미소길이)이 기여하는 결과를 모두 너함을 뜻함.
- 자유공간의 투자율
- 경로 C로 둘러싸인 전류만 기여함에 주의
- 자유공간의 유전율
- 경로 C를 경계로 하는 표면을 통과하는 전기 선다발

지금부터 암페어-맥스웰 법칙을 어디에 쓸 수 있는지 알아보자. 이 법칙을 사용하면 어떤 경로에 둘러싸인 전류 또는 시간에 따라 변하는 전기 선다발이 주어질 때 자기장의 순환을 구할 수 있다. 특히 문제의 구조가 대칭성을 띠고 있는 경우에는 $\vec{B}$ 를 점곱과 적분기호 바깥으로 빼낼 수 있어서 자기장의 크기를 구할 수 있다.

$\oint_C \vec{B} \circ d\vec{l}$ 자기장의 순환

나침반을 가지고 직류전류가 흐르고 있는 긴 직선 도선 주위를 여기저기 옮겨 가면서 나침반 바늘의 움직임을 살펴보면 다음과 같은 사실을 알아낼 수 있다. 도선에 흐르는 전류는 도선 주위를 빙 두르는 자기장을 생성한다. 또 도선에서 멀어질수록 자기장의 세기는 약해진다.

도선의 길이를 무한히 길게 하고 나침반보다 훨씬 정교한 측정 장치를 사용하는 경우를 가정하면 이 도선에 의해 발생하는 자기장의 세기는 정확히 $1/r$ 의 비율로 감소한다. 여기서 r 은 도선에서 수직방향으로 떨어진 거리이다. [그림 4.1]에 표시한 것처럼 도선과의 거리 r 을 일정하게 유지하면서 측정 장치를 도선 주위를 따라 원모양의 궤적을 그리며 움직이면서 측정을 하면 자기장의 세기는 변하지 않는다. 또한 이 원모양의 경로를 따라 측정 장치가 움직이는 동안에 자기장의 방향은 이동하는 경로와 일치하는(나란한) 방향, 즉 도선과 측정 장치를 잇는 가상의 선에 수직인 방향을 가리킨다.

도선 주위를 원 모양이 아니라 아무렇게나 경로를 잡아 측정 장치와 도선의 길이가 멀어지게도 하고 가까워지게도 하면 그에 따라 자기장의 세기가 약해지고 강해지는 변화가 생기며 자기장의 방향도 더 이상 이동하는 경로와 나란한 방향을 가리키지 않는다.

이제 측정 장치를 도선 주위를 따라 한 번에 아주 조금씩만 움직여가면서 자기장의 크기와 방향을 측정해나가는 경우를 가정해보자. 도선 주위의 이동경로를 따라 한 번 움직일 때마다 해당 이동구간 $d\vec{l}$ 에 존재하는 자기장 $\vec{B}$ 의 이동방향($d\vec{l}$ 방향)으로의 성분을 측정하면 $\vec{B} \circ d\vec{l}$ 을 구할 수 있다. 전체 경로의 모든 이동구간에

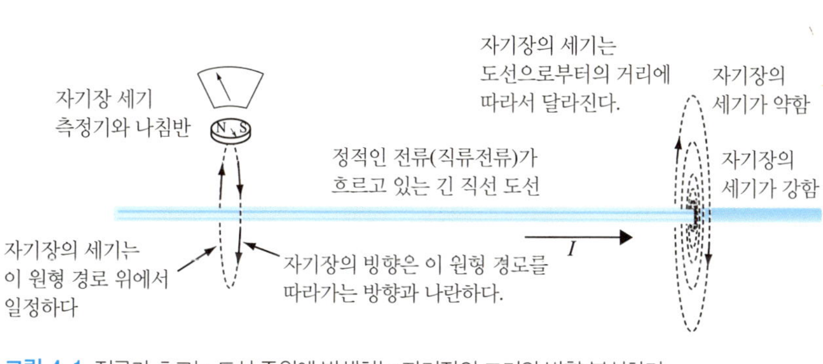

그림 4.1 전류가 흐르는 도선 주위에 발생하는 자기장의 크기와 방향 분석하기

대해 저마다 구한 $\vec{B} \circ d\vec{l}$ 값을 모두 더한 결과가 바로 암페어-맥스웰 법칙의 좌변을 이산적(불연속적)인 방식으로 구한 것이다. 이렇게 불연속적으로 결과를 구하는 방식을 연속적인 방식으로 바꾸기 위해 각 이동구간의 길이를 0에 접근시켜 한없이 짧게 하면 다음과 같이 자기장의 순환을 구하는 적분식을 얻을 수 있다.

$$\text{자기장의 순환} = \oint_C \vec{B} \circ d\vec{l} \qquad (4.1)$$

암페어-맥스웰 법칙은 이 양(자기장의 순환)이 선 적분 경로 C가 경계를 이루고 있는 임의의 표면을 통과하는 전기 선다발의 시간 변화율에 비례함을 말해주고 있다. 그런데 이 법칙을 사용하여 자기장의 값을 구하고 싶다면 $\vec{B}$를 점곱과 적분기호 바깥으로 빼내야 한다. 이렇게 하려면 도선 주위의 경로 C를 아주 신중하게 선택해야 한다. 즉 가우스 법칙에서 전기장을 점곱과 적분기호 바깥으로 빼내기 위해 "특수 가우스 표면"을 신중하게 선택하는 것처럼 여기서도 자기장을 구하려면 "특수 암페어 루프"(special Amperian loop)를 잘 만들어야 한다.

지금부터는 암페어-맥스웰 법칙의 우변을 이루고 있는 항과 관련하여 세 가지 항목을 자세히 살펴본다. 이어서 몇 가지 예제를 풀어보면서 암페어-맥스웰 법칙을 적용하여 문제를 해결하는 방법을 익혀본다.

μ_0 자유공간의 투자율

암페어-맥스웰 법칙의 좌변(자기장의 순환)과 우변(경로 내부 전류와 전기 선다발의 시간 변화율) 사이의 비례상수가 자유공간의 투자율(permeability) μ_0 이다. 어떤 물질(유전체)의 외부에 전기장이 가해질 때 그 물질의 반응을 결정하는 것이 유전율이듯이 어떤 물질의 외부에 자기장이 가해질 때 그 물질의 반응을 결정하는 것이 투자율이다. 암페어-맥스웰 법칙을 나타내는 수식에 들어있는 투자율은 자유공간(진공)의 투자율로 자유공간임을 나타내기 위해 아래첨자로 영(0)을 붙인다.

국제 표준 단위(SI unit)로 진공의 투자율 값은 약 $4\pi \times 10^{-7}$ Vs/(Am) 이다. Vs/(Am) 단위 대신 N/A^2 또는 m kg/C^2 또는 H/m 로 나타낼 수도 있다. 암페어-맥스웰 법칙을 사용할 때 우변의 전류 항과 선다발 항에 다음 값으로 주어지는 투자율을 곱해야 한다.

$$\mu_0 = 4\pi \times 10^{-7} \text{ Vs/Am}$$

전기장용 가우스 법칙에서 유전율의 경우에도 그랬지만 암페어-맥스웰 법칙 수식에 진공의 투자율이 들어있다고 해서 이 법칙이 진공에서만 성립하는 것은 아니다. 앞에서 표시한 형태의 수식으로 나타낸 암페어-맥스웰 법칙은 일반적인 법칙이다. 단 내부 전류로는 모든 종류의 전류(자유 전류(즉 전도전류), 속박 전류)를 고려해야 한다. 부록에 자성체 속의 전류와 장을 다루는 경우에 더욱 유용한 형태의 수식으로 암페어-맥스웰 법칙을 나타내었다.

유전체가 전기장에 미치는 영향과 자성체가 자기장에 미치는 영향 사이에는 한 가지 흥미로운 차이점이 있다. 많은 자성체에서는 자성체 내부의 자기장이 자성체 외부의 자기장보다 실제로 강하다(반대로 유전체에서는 내부의 전기장이 외부 전기장보다 약하다). [그림 4.2]를 보면서 이렇게 되는 까닭을 알아보자. 외부 자기장이 이들 자성체에 가해지면 자성체가 자화되면서 내부에 유도 자기장이 발생하는데, 이 자기장의 방향이 외부 자기장의 방향과 나란해서 서로 더해지므로 내부의 총 자기장은 외부 자기장보다 강하다.

자성체의 투자율을 표시할 때는 상대 투자율(relative permeability)을 사용하는 것이 보통이다. 상대 투자율은 다음과 같이 자유공간의 투자율을 기준으로 몇 배가 되는지 나타내는 비이다.

$$\text{상대 투자율 } \mu_r = \frac{\mu}{\mu_0} \tag{4.2}$$

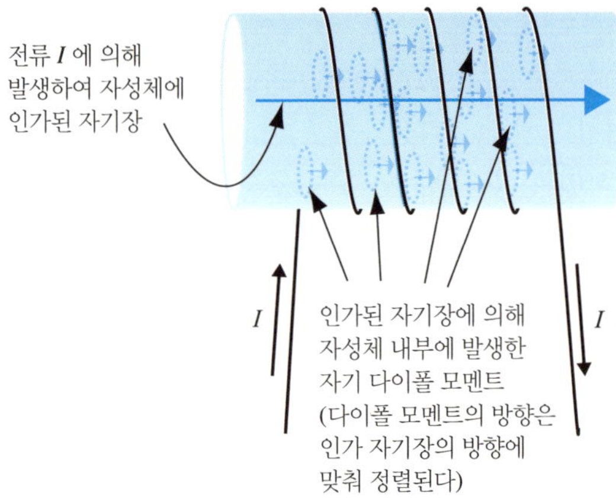

그림 4.2 솔레노이드 내부에 집어넣은 자성체의 영향

물질의 상대 투자율 값을 기준으로 물질을 반자성체(diamagnetic material), 상자성체(paramagnetic material), 강자성체(ferromagnetic material)로 분류한다. 반자성체는 μ_r 값이 1보다 약간 작은 물질이다. 이러한 값을 갖는 까닭은 유도 자기장이 외부 자기장을 아주 조금 거스르기 때문이다. 반자성체에 속하는 물질로는 금(gold), 은(silver)이 있는데 이들의 μ_r 값은 0.99997 정도이다. 상자성체는 외부 자기장을 조금 강화하는 물질로 μ_r 값은 1보다 약간 크다. 상자성체에 속하는 물질로는 알루미늄이 있는데 $\mu_r = 1.00002$ 이다.

강자성체의 경우에는 다른 물질에 견주어 상황이 더욱 복잡해서 투자율 값이 외부 자기장에 따라 달라진다. 상대 투자율 값(최댓값)의 범위는 보통 수백(니켈(nikel)인 경우)에서 5000이상(순도가 높은 철)까지이다.

긴 솔레노이드(코일)의 인덕턴스는 다음 식으로 주어진다.

$$L = \frac{\mu N^2 A}{\ell} \tag{4.3}$$

여기서 μ는 솔레노이드 내부에 들어있는 물질의 투자율, N 은 도선의 권수(감긴 횟수), A 는 솔레노이드의 단면적, l 은 솔레노이드의 길이이다. 이 식으로부터 솔레노이드 속에 철 코어를 집어넣으면 코일의 인덕턴스는 5000배 이상 증가함을 분명히 알 수 있다.

물질의 유전율과 마찬가지로 물질의 투자율은 그 매질을 통해 전파하는 전자기파의 속력을 결정짓는 근본 파라미터이다. 매질이 진공인 경우, 진공 속에서 빛이 진행하는 속력은 인덕터와 커패시터를 사용하여 μ_0 와 ε_0 를 측정하는 실험으로 간단히 구할 수 있다. 당시 맥스웰은 이 실험에 대해, 이 실험에서 빛은 실험 장치를 눈으로 보는 데에만 사용될 뿐이라고 말했다.[2]

2 [옮긴이] 이 실험에서 측정한 μ_0와 ε_0로 구한 파동의 속력은 실험오차범위 이내에서 그 당시 알려져 있었던 빛의 속력과 일치했다. 그런데 빛의 속력을 구하기 위한 이 실험에서 정작 빛은 사용되지 않았으므로 맥스웰의 이 말은 이 점을 날카롭게 지적한 것이다. 당시 과학계에서는 이 실험에서 빛의 속력이 계산된 것은 우연의 일치라고 보는 의견이 다수였지만 맥스웰은 이 실험결과가 자신이 유도한 전자기적 파동과 관련이 있음을 파악하고 빛이 전자기적 현상임을 선언했다.

$I_{내부}$ 내부 전류

"내부 전류(enclosed current)"의 개념은 간단한 것 같아도 암페어-맥스웰 법칙의 우변의 "내부 전류" 항에 정확히 어떤 전류를 포함시켜야 하는가라는 문제를 고려할 때는 신중해야 한다.

이번 4장의 맨 앞 절에서는 닫힌경로 C를 따라 자기장을 적분하여 순환을 구했는데, 여기서 "내부"라는 말은 이 닫힌경로로 둘러싸인 안쪽이라는 것을 의미한다. 즉 어떤 전류 주위를 닫힌경로 C가 빙 두르고 있으면 이 전류는 내부 전류가 되는 것이다. 여기서 잠깐 [그림 4.3]에 표시한 몇 세 종류의 경로와 전류를 살펴보자. 경로 C_1, C_2, C_3에 의해 각각 둘러싸인 전류, 즉 내부 전류는 어느 것이고 내부 전류가 아닌 것은 어느 것인가?

이 문제에 대한 답을 찾는 가장 쉬운 방법은 다음과 같다. [그림 4.4]와 같이 경로에 얇은 막을 매달아 펼쳐놓았다고 가정하자. 그러고 나서 이 막을 뚫고 지나가는 "알짜" 전류를 구하면 그것이 바로 내부 전류가 된다.

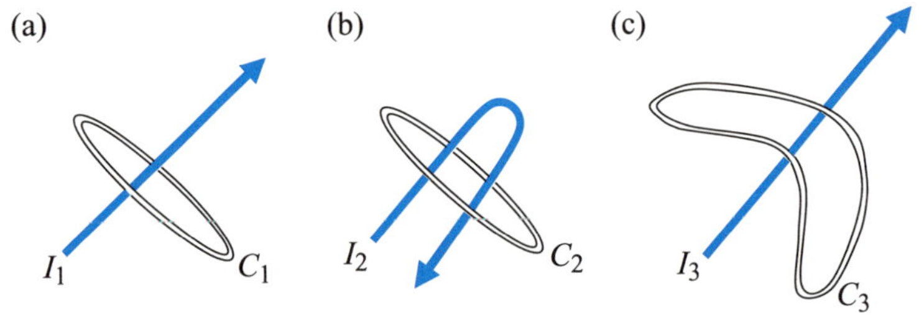

그림 4.3 닫힌경로로 둘러싸인 전류와 둘러싸이지 않은 전류

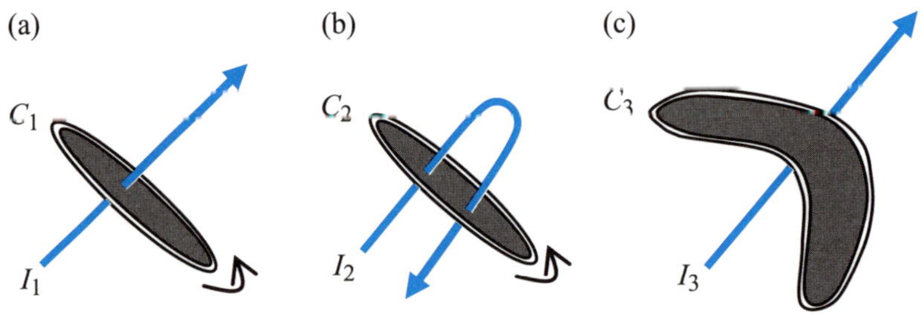

그림 4.4 닫힌경로를 가장자리로 해서 펼쳐친 막(표면)

여기서 "알짜" 전류라고 한 까닭은 전류의 방향을 따질 때는 적분 방향과의 관련성을 반드시 고려해야하기 때문이다. 통상적으로 오른손 규칙을 적용하여 어떤 전류 값의 부호가 + 인지 − 인지 따진다. 즉 오른손에서 엄지를 제외한 나머지 손가락들을 경로를 따라가는 적분 방향에 맞춰 감쌀 때 엄지손가락이 가리키는 방향이 + 전류가 흐르는 방향이다(다시 말해 엄지손가락 방향으로 흐르는 전류는 값이 + 이다). 따라서 [그림 4.4(a)]에서 경로 C_1을 따라 그림에 표시된 화살표 방향으로 적분을 수행하면 내부 전류는 $+I_1$ 이다. 만일 이와 반대 방향으로 적분을 수행한다면 내부 전류는 $-I_1$이 된다.

이와 같은 "막 방식"과 "오른손 규칙"을 [그림 4.4(b)]와 [그림 4.4(c)]에 각각 적용해보면 두 경우 모두 내부 전류가 0임을 쉽게 알아낼 수 있다. [그림 4.4(b)]에서는 알짜 전류가 $I_1 + (-I_1) = 0$ 이 되므로 경로 C_2의 내부 전류는 없으며 [그림 4.4(c)]에서는 위, 아래 어느 방향으로도 경로 C_3가 경계를 이루는 막을 통과하는 전류가 없으므로 역시 경로 C_3의 내부 전류는 없다.

여기서 알아두어야 할 중요한 개념 하나는 어떤 경로의 내부 전류는, 그 경로의 경계(즉 표면(막)의 가장자리)만 유지하면(변하지 않으면) 표면(막)의 형태가 어떻게 달라져도 정확히 같다는 사실이다. [그림 4.4]에 있는 단순한 형태의 표면(막)을 [그림 4.5]와 같이 다른 형태의 표면(막)으로 바꾸어도 표면(막)의 경계(가장자리)는 그대로이므로 내부 전류는 똑같다.

[그림 4.5(a)]에서 전류 I_1은 굽은 표면 위의 "한" 점을 뚫고 지나가고 있는데 이 굽은 표면의 경로(가장자리)는 [그림 4.4(a)]의 평평한 표면의 경로(가장자리)와 같고 전류 역시 표면 위의 "한" 점을 통과하고 있으므로 내부 전류는 두 경우 모두 $+I_1$ 으로 같다. [그림 4.5(b)]에서는 전류 I_2 가 원뿔 형태의 표면을 통과하지 않고 있으므로 내부 전류는 0이다. 이 결과는 [그림 4.4(b)]와 같다. [그림 4.5(c)]에

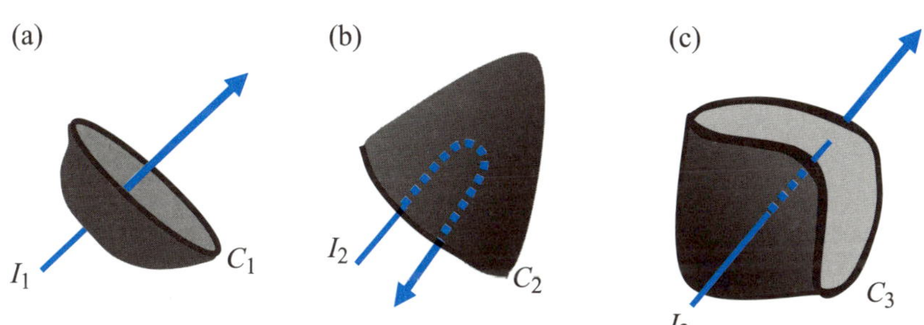

그림 4.5 닫힌경로 C_1, C_2, C_3 를 경계(가장자리)로 하는 다른 형태의 막(표면)

서는 전류 I_3가 굽은 표면을 두 번 뚫고 지나가고 있다. 첫 번째는 적분방향에 대해 + 방향으로, 두 번째는 적분방향에 대해 − 방향으로 통과하므로 표면 전체를 통과하는 알짜 전류는 0이다. 이 결과는 [그림 4.4(c)]의 표면에서 전류가 표면을 통과하지 않은 경우와 같다.

적절한 형태의 표면을 선택해서 내부 전류를 구하는 것은 단순한 머리 쓰기 정도가 아니다. 이 과정을 통해 맥스웰이 암페어 법칙에 추가한 시간에 따라 변하는 선다발 항의 필요성을 확실히 알 수 있는데 지금부터 이에 대해 살펴보자.

$\frac{d}{dt}\int_S \vec{E} \circ \hat{n}\ da$ 전기 선다발의 시간 변화율

3장의 패러데이 법칙에서는 자기 선다발의 시간 변화율에 대해 살펴보았는데, 이에 상응하는 것이 전기장의 경우에는 이 항이다. 3장에서는 어떤 표면을 통과하는 시간에 따라 변하는 자기 선다발은 그 표면의 경계를 이루는 경로를 따라 순환하는 전기장을 유도함을 배웠다.

그렇다면 자기장과 짝(대칭)을 이루는 전기장의 경우에도, 어떤 표면을 통과하는 시간에 따라 변하는 전기 선다발은 그 표면의 경계를 이루는 경로를 따라 순환하는 자기장을 유도하지 않을까 하는 의문이 생긴다. 암페어 법칙에 따르면 어떤 전류이든 순환하는 자기장을 생성하므로 어찌 됐든 자기장은 순환하기 마련이다.

그렇다면 어째서 패러데이의 자기유도 법칙과 짝을 이루는 "전기유도 법칙"을 맥스웰이 찾아낼 때까지 수십 년이 걸리게 된 걸까?

첫째로, 변하는 전기 선다발에 의해 유도되는 자기장은 너무너무 작아서 측정하기가 아주 어렵다. 따라서 19세기에는 이러한 법칙의 근거가 될 만한 실험적 증거가 없었다. 둘째로, 전기와 자기 사이에 대칭성이 항상 성립하지는 않기 때문이다. 예를 들어 전기와 관련하여 우주에는 수많은 + 전하와 − 전하가 따로따로 존재하고 있지만 자기와 관련해서는 이에 해당되는 분리된 자하(자기 홀극)가 아직까지 발견되고 있지 않다.

맥스웰과 그 당시 과학자들은 암페어 법칙이 처음 나올 때부터 그랬듯이 정적인 정상전류에만 적용됨을 깨달았다. 그 까닭은 이 법칙이 정적인 조건 아래서만 전하보존 법칙에 들어맞기 때문이었다. 자기장과 전류 사이의 관계를 더욱 정확히 파악하기 위해 맥스웰은 정교한 개념적 모델을 하나 고안했다. 이 모델에서는 공간이 역학적(기계적) 운동을 하는 수많은 분자 소용돌이(molecular vortex)로 가득 차 있다. 역학적 소용돌이의 회전은 자기장을 나타내고, 이들 소용돌이와 소용돌이 사이의 틈(좁은 길)을 채우고 있는 작은 입자[3](particle)들이 소용돌이 주위를 따라 밀려 나아가는 것은 전류를 나타낸다. 맥스웰이 이 모델에 탄성(elasticity)을

3 [옮긴이] 소용돌이와 소용돌이가 서로 직접적으로 마찰하는 것을 막아주는 일종의 볼베어링과 같은 역할을 하는, 전하를 가진 공 모양의 입자라고 생각하면 된다. 맥스웰은 '분자 소용돌이'와 '작은 입자'로 이루어진 모델을 사용하여 패러데이가 주장한 역선(line of force) 개념을 수학적으로 표현하여 전자기 방정식을 유도하고 여러 가지 전자기 현상을 해석하고 설명하였다. 자세한 내용은 그의 논문 "물리적 역선에 관하여"(On Physical Lines of Force)을 살펴보기 바란다.

가하고 그때 생기는 압력으로 분자 소용돌이에 변형이 일어나게 했을 때, 그는 자신이 만든 암페어 법칙의 역학적 모델에 항을 하나 더 추가해야 함을 깨닫게 되었다. 이 사실을 알게 되자 맥스웰은 자신의 역학적 모델을 폐기해버리고 기존의 암페어 법칙에 자기장의 원천 하나를 추가하여 암페어 법칙을 새롭게 썼다. 추가된 이 원천이 암페어-맥스웰 법칙에 들어있는 변화하는 전기 선다발이다.

대부분의 책에서는 암페어-맥스웰 법칙에 들어있는 변화하는 전기 선다발 항의 필요성을 설명하는 데 다음 세 가지 방법 – 전하보존 법칙, 특수 상대성 이론, 충전되는 커패시터에서 드러나는 암페어 법칙의 모순 – 가운데 하나를 사용한다. 이 가운데 마지막 방법이 가장 널리 사용되는데 여기서도 이 방법으로 설명해보기로 한다.

[그림 4.6]의 회로를 살펴보자. 스위치가 닫히면 배터리에서 커패시터로 전류 I 가 흐르면서 커패시터를 충전한다(전하가 쌓인다). 이 전류에 의해 도선 주위에는 자기장이 발생한다. 이 자기장의 순환은 다음 식으로 주어진다.

$$\oint_C \vec{B} \circ d\vec{l} = \mu_0 (I_{\text{내부}})$$

여기서 내부 전류를 구하는 데 심각한 문제가 발생한다. 암페어 법칙에 따르면 경로 C 의 내부 전류는 그 경로가 경계(가장자리)를 이루는 임의의 표면을 통과하는 모든 전류를 모두 포함해야 한다. 그런데 경로 C 를 경계로 하는 표면으로 [그림 4.7(a)]와 같이 평평한 막을 선택한 경우의 내부전류와, [그림 4.7(b)]처럼 같은 경로 C 에 대해 봉지처럼 부푼 막을 선택한 경우의 내부 전류는 전혀 다르다.

커패시터가 충전되는 동안에는 흐르는 전류 I 는 평평한 막은 통과하고 있지만 봉지 모양의 막은 통과하지 않고 있다(이는 도선을 따라 이동하는 전하가 커패시터 판에 쌓이기 때문이다). 그러나 평평한 막과 봉지 모양의 막은 암페어 루프(막

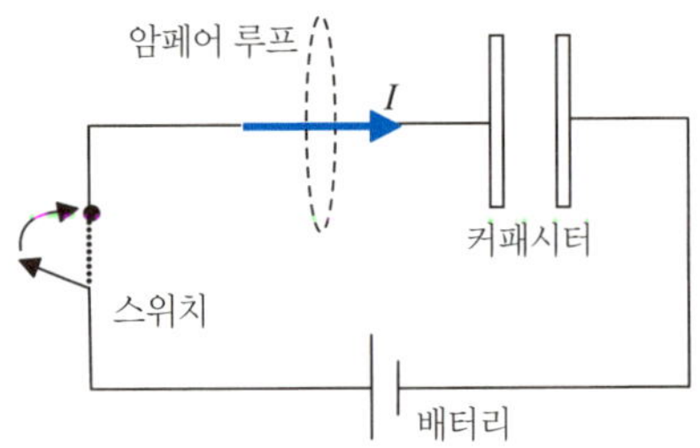

그림 4.6 충전되고 있는 커패시터

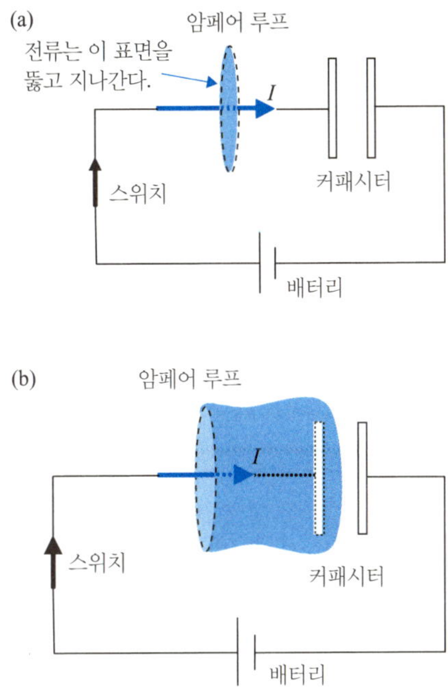

그림 4.7 내부 전류를 구하는 데 사용하는 두 종류의 표면

의 경계인 가장자리 경로)가 같으므로 이 루프 주위를 따라 자기장을 적분한 결과는 선택한 막(표면)의 모양에 관계없이 같아야만 한다.

이렇게 두 종류의 표면에 대해 일치하지 않는 결과는 커패시터가 충전되고 있는 동안에만 일어난다. 스위치가 닫히기 전에는 전류가 흐르지 않고, 커패시터가 완전히 충전된 뒤에는 전류의 흐름이 멈춰 더 이상 전류가 흐르지 않기 때문이다. 이 두 경우에서는 경로 C를 그대로 둔 채 어떤 모양으로 된 표면을 선택하더라도 그 표면을 통과하는 내부 전류는 0이 된다. 따라서 변경된 암페어 법칙은 충전 중인 커패시터를 비롯하여 시간에 따라 변화하는 다양한 상황까지 범위를 넓혀 적용됨과 동시에 정적인 상황에서의 동작도 정확하게 나타낼 수 있어야 한다.

커패시터 두 판 사이에는 전도전류(전하가 실제 이동하여 생기는 전류)는 있을 수 없다. 그렇다면 두 판 사이 영역에서 전도 전류와는 다르지만 자기장의 원천 역할을 하는 무언가가 계속해서 이어지고 있는 것은 아닐까?

커패시터가 충전되는 동안에 한 판에는 + 전하가, 다른 판에는 − 전하가 계속해서 쌓이므로 두 판 사이에 발생하는 전기장은 시간에 따라 변해야 한다. 이렇게 되면 봉지 모양의 표면 중에서 두 판 사이에 끼워져 있는 부분의 표면을 통과하는 전기 선다발도 역시 시간에 따라 변해야 한다. 이 전기 선다발의 변화는 전기장용 가우스 법칙을 사용하여 구할 수 있다.

표면의 모양을 [그림 4.8]과 같이 되도록 신중하게 만든 다음, 이를 "특수 가우스 표면"으로 선택한다. 이 표면은 표면에 있는 모든 점에서 전기장의 방향은 표면과 수직이며 전기장의 크기는 균일(일정)하거나 그렇지 않으면 0이 되도록 만든 것이다. 에지 효과(edge effect)[4]를 무시하면 전하가 쌓여 있는 두 도체판 사이의 전기장은 $\vec{E} = (\sigma/\varepsilon_0)\,\hat{n}$ 이다. 여기서 σ는 두 판의 전하밀도(= Q/A, A 는 판의 면적)이고 $\hat{n}$은 판에 수직인 방향이다. 그러면 표면을 통과하는 전기 선다발은 다음과 같이 구할 수 있다.

$$\Phi_E = \int_S \vec{E} \circ \hat{n}\, da = \int_S \frac{\sigma}{\varepsilon_0} da = \frac{Q}{A\varepsilon_0}\int_{S'} da = \frac{Q}{\varepsilon_0} \tag{4.4}$$

여기서 S는 특수 가우스 표면 전체, S'은 특수 가우스 표면 전체 중에서 $\vec{E}$가 0이 아닌 부분이다.

이제 전기 선다발의 시간에 따른 변화를 계산하면

$$\frac{d}{dt}\left(\int_S \vec{E} \circ \hat{n}\, da\right) = \frac{d}{dt}\left(\frac{Q}{\varepsilon_0}\right) = \frac{1}{\varepsilon_0}\frac{dQ}{dt} \tag{4.5}$$

이다. 양변에 진공의 유전율 ε_0를 곱하면

$$\varepsilon_0 \frac{d}{dt}\left(\int_S \vec{E} \circ \hat{n}\, da\right) = \frac{dQ}{dt} \tag{4.6}$$

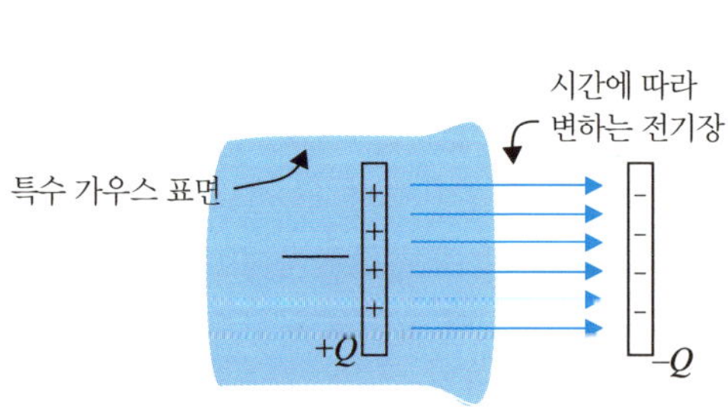

그림 4.8 커패시터의 두 판 사이 영역에 발생하는 시간에 따라 변하는 전기장

4 [옮긴이] 가장자리 효과(fringing effect)라고도 하며 두 도체판의 가장자리 밖으로 전기장이 퍼져 나가는 현상을 가리킨다.

가 된다. 따라서 전기 선다발의 시간 변화에 유전율을 곱한 양인 좌변의 단위를 살펴보면 전하량을 시간으로 나눈 단위(C/s = A)가 되는데 이는 곧 "전류"의 단위이다. 앞에서 커패시터의 두 판 사이 영역에 존재할 것으로 예측했던, 표면의 경계를 이루는 경로 주위에 자기장을 생성하는 또 다른 원천이 바로 이 전류와 유사한 양이다. 어떤 표면을 통과하는 전기 선다발의 시간 변화율과 유전율의 곱을 "변위전류"(displacement current)라고 한다. 실제로 그 표면을 통과하는 전하는 없지만 역사적인 이유로 이 용어를 사용하고 있다. 변위 전류는 다음 식으로 정의된다.

$$I_d \equiv \varepsilon_0 \frac{d}{dt}\left(\int_S \vec{E} \circ \hat{n}\, da\right) \tag{4.7}$$

위 식을 가리키는 데 어떤 용어를 사용하든 맥스웰이 암페어 법칙에 추가한 이 항은 당시 맥스웰의 통찰력이 얼마나 깊었는가를 잘 나타내고 있으며 나중에 그가 빛의 본질이 전자기적 파동임을 발견하는 데 밑바탕이 되었다.

$\oint_c \vec{B} \circ d\vec{l} = \mu_0 \left(I_{\text{내부}} + \varepsilon_0 \frac{d}{dt} \int_s \vec{E} \circ \hat{n}\, da \right)$ 암페어-맥스웰 법칙 (적분형) 적용하기

가우스 법칙의 전기장과 마찬가지로 암페어-맥스웰 법칙에서 자기장은 적분 기호 속에 다른 벡터 양과 점곱 연산으로 결합된 형태로 들어가 있다. 여러분의 추측대로 암페어-맥스웰 법칙을 사용하여 자기장을 구할 수 있는 경우는 대칭을 잘 이루고 있는 구조로 제한된다. 다행스럽게도 전류가 흐르는 긴 도선, 평행판 커패시터를 비롯한 몇 가지 흥미로우면서도 실제적인 구조들은 이러한 대칭성을 가지고 있다.

이러한 문제를 푸는 과정에서 중요한 것은 "암페어 루프(Amperian loop)"를 찾는 일이다. 암페어 루프란 $\vec{B}$의 크기는 그 루프(경로) 전체에 걸쳐 균일(일정)하고 $\vec{B}$의 방향은 루프에 대해 일정한 각도를 이루고 있는 루프를 말한다. 그런데 문제를 풀기 위해서는 사전에 $\vec{B}$에 대한 정보가 필요한데 어떻게 알아낼까?

우리는 이미 많은 경우에 과거의 경험이나 실험적 증거를 바탕으로 하여 자기장의 동작과 작용에 대해 어느 정도 알고 있다. 그러나 이러한 경우가 아니라면 "암페어 루프"를 그리는 방법을 어떻게 알아낼 수 있을까?

이 문제에 간단히 답하기는 어렵지만 가장 좋은 방법은 유용한 결과를 얻을 때까지 논리를 바탕으로 다양한 추론을 시도하는 것이다. 문제의 구조가 복잡한 경우에도 비오-사바르 법칙을 사용하여 자기장의 방향을 알아낼 수 있는데, 특히 대칭성을 지닌 구조에서는 자기장의 일부 성분이 상쇄되어 사라지게 된다. 또 다른 방식으로, 자기장 $\vec{B}$에 대해 여러 가지 동작과 작용을 가정하고, 이러한 가정이 합리적인 결과로 이어지는지 확인해볼 수 있다.

예를 들어, 긴 직선 도선과 관련한 문제라면 다음과 같이 추론해볼 수 있다. 도선에서 멀어질수록 $\vec{B}$의 크기는 작아져야 한다. 그렇지 않으면 덴마크에서 에르스텟이 실험을 수행했을 때 당시 전 세계에 있는 나침반의 바늘이 움직였을 텐데 이런 일은 분명히 일어나지 않았다. 또한 도선의 단면은 원 모양이므로 도선 축을 기준으로 어느 한편의 자기장이 그 반대편의 자기장과 다를 것이라 추측할 아무런 이유가 없다. 따라서 $\vec{B}$의 크기가 도선과의 거리에 따라 감소하고 도선 수위(도선 중심과의 거리는 일정)를 따라서는 크기가 같다면 $\vec{B}$의 "크기가 일정한 경로"는 도선을 중심으로 한 "원"이고 그 원형 경로의 방향은 전류가 흐르는 방향에 수직이라는 결론을 내려도 틀림이 없을 것이다.

그러나 암페어 법칙 수식에 들어있는 $\vec{B}$와 $d\vec{l}$의 점곱에서 자기장을 빼내려면 선택한 경로의 방향이 자기장에 대해 일정한 각도(이왕이면 0°)를 반드시 유지해야 한다. $\vec{B}$가 반지름 방향 성분(radial component)과 가로 방향 성분(transverse component)[5]을 모두 갖고 있으면 경로와 자기장 사이의 각도는 도선과의 거리에 따라 달라질 것이다.

비오-사바르 법칙에 들어있는 $d\vec{l}$과 $\hat{r}$의 가위곱 $d\vec{l} \times \hat{r}$을 따져보면 이렇게 되지 않음을 알 수 있다. 이를 증명해보자. $\vec{B}$가 도선 중심을 가리키는 방향 성분을 가진다고 가정하자. 여러분이 도선 뒤에서 전류가 흐르는 방향으로 도선을 바라본다고 가정하면 여러분은 자신으로부터 멀어지는 전류와 도선 중심을 가리키는 자기장을 볼 것이다. 이번에는 여러분의 친구가 도선 앞에서 흘러들어오는 전류를 바라본다고 하자. 여러분의 친구는 자신을 향해 다가오는 전류와 도선 중심을 가리키는 자기장을 볼 것이다.

도선에 흐르는 전류의 방향이 반대가 되면 어떤 일이 일어나는지 살펴보자. 비오-사바르 법칙에 따라 자기장은 전류에 선형적으로 비례하므로($\vec{B} \propto \vec{I}$), 전류의 방향이 바뀌면 자기장의 방향도 바뀌어야 한다. 전류의 방향이 바뀌기 전에 $\vec{B}$의 방향이 도선 중심을 향했다면 전류의 방향이 바뀐 다음에는 $\vec{B}$의 방향이 도선 중심에서 바깥을 향해야 한다. 위에서 가정한 도선에 흐르는 전류의 방향이 반대로 바뀌면 여러분은 자신을 향해 다가오는 전류를 볼 것이고 이에 따라 도선 중심에서 바깥을 가리키는 자기장을 볼 것이다. 또한 여러분의 친구는 자신에게서 멀어지는 전류와 도선 중심에서 바깥을 가리키는 자기장을 관측할 것이다.

여러분과 친구의 관측결과를 서로 비교하면 모순이 드러난다. 여러분은 다음과 같이 말할 것이다. "나에게서 멀어지는 방향으로 흐르는 전류는 도선 중심을 향하는 자기장을 생성하고 나에게 다가오는 방향으로 흐르는 전류는 도선 중심에서 바깥을 향하는 자기장을 생성한다." 물론 여러분의 친구는 이와는 정반대의 현상이 일어난다고 말할 것이다. 여러분과 친구가 서로 위치를 바꾼 다음, 이 실험을 되풀이하면 이전에 여러분과 친구가 관측한 내용과 반대되는(하지만 여전히 모순되는) 결과를 얻을 것이다.

이렇게 앞뒤가 맞지 않는 문제점은, 자기장은 도선 주위를 원 모양으로 빙 두르는 형태로 발생하기 때문에 반지름 방향 성분을 갖지 않는다고 가정하면 바로

---

5 [옮긴이] 도선의 축 방향(세로방향 또는 길이방향)과 수직(가로방향 또는 횡방향)을 이루면서 동시에 반지름 방향과도 수직인 방향 성분

해결된다. 이처럼 $\vec{B}$ 가 ϕ 성분만을 갖게 되면[6] 어떤 관측자로부터 멀어지는 방향으로 흐르는 전류는 그 관측자에게 시계방향으로 회전하는 것으로 보이는 자기장을 생성하고 관측자에게 다가오는 방향으로 흐르는 전류는 그 관측자에게 반시계방향으로 회전하는 것으로 보이는 자기장을 생성한다.

자기장에 대해 정확한 정보가 주어지지 않은 경우에는, 이렇게 논리적으로 따져 보는 방식이 유용한 암페어 루프를 설계하는 최선의 방법이다. 따라서 직선 도선과 관련이 있는 문제라면 그 도선을 중심으로 하는 원을 암페어 루프로 선정하는 것이 타당하다. 그러면 루프의 크기는 어느 정도로 해야 할까? 우선 암페어 루프를 만드는 까닭을 생각해보면, 어떤 특정 위치에서 자기장의 값을 구하기 위해서이다. 따라서 "그 위치를 통과하도록 암페어 루프를 만들면 된다." 다시 말해 자기장의 값을 구하려고 하는 위치와 도선 사이의 거리를 루프의 반지름으로 하면 된다. 다음 예제를 풀어보면서 이 내용에 대해 알아보자.

예제 4.1 도선에 흐르는 전류가 주어질 때, 도선 내부 영역과 외부 영역에서 자기장 구하기

문제 반지름이 r_0인 긴 직선 도선을 따라 정상전류 I가 흐르고 있다. 전류가 도선의 단면 전체에 걸쳐 균일하게 퍼져 흐른다고 가정할 때 도선 내부 영역($r < r_0$)과 도선 외부 영역($r > r_0$)에서 자기장의 크기를 r 의 함수로 구하라. 여기서 r 은 도선의 중심으로부터의 거리이다.

풀이 전류가 정상전류이므로 맥스웰이 변경하기 이전의 최초의 암페어 법칙을 사용하면 된다.

$$\oint_C \vec{B} \circ d\vec{l} = \mu_0 (I_{\text{내부}})$$

먼저 도선 외부 영역($r > r_0$)에서 $\vec{B}$를 구해보자. 앞에서 살펴본 논리적 추론을 바탕으로 도선의 바깥에 [그림 4.9]에 "암페어 루프 #1"으로 표시된 루프를 만든다. $\vec{B}$와 $d\vec{l}$ 의 크기는 둘 다 ϕ 성분만을 갖고 방향은 서로 같으므로 경로의 방향을 오른손 규칙에 따라 정하면 이 두벡터의 점곱 $\vec{B} \circ d\vec{l}$ 은 $|\vec{B}||d\vec{l}|\cos(0°) = |\vec{B}||d\vec{l}|$이 된다. 또한 $|\vec{B}|$는 루프 위의 모든 점에서 일정하므로 적분 밖으로 빼낼 수 있다.

6 이 책의 학습용 웹사이트에는 원통 좌표계와 구 좌표계를 정리한 자료가 수록되어 있다.

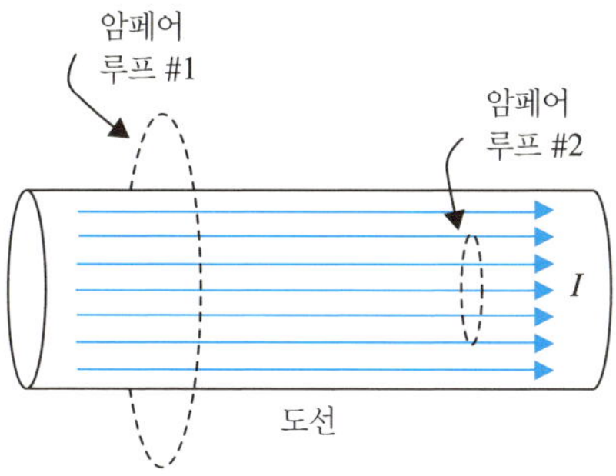

그림 4.9 전류가 흐르는 직선 도선(반지름이 r_0)에 만든 두 종류의 암페어 루프

$$\oint_C \vec{B} \circ d\vec{l} = \oint_C |\vec{B}||d\vec{l}| = B \oint_C dl = B(2\pi r)$$

여기서 r은 암페어 루프의 반지름이다.[7] 암페어 법칙에 의하면 암페어 루프를 따라 $\vec{B}$를 적분하면 루프로 둘러싸인 내부 전류와 자유공간 투자율의 곱이 된다. 이 경우에 내부 전류는 도선에 흐르는 총 전류 I 이므로

$$B(2\pi r) = \mu_0 I_{\text{내부}} = \mu_0 I$$

가 된다. $\vec{B}$는 ϕ 방향 성분만을 가지므로

$$\vec{B} = \frac{\mu_0 I}{2\pi r}\hat{\phi}$$

가 된다. 이 결과는 [표 2.1]에 수록된 수식과 동일하다. 따라서 전류 I가 반지름이 r_0 인 도선에 퍼져 흐를 때 도선 바깥 영역에서의 자기장은 전류 I가 도선의 중심에 모두 집중해서 흐를 때의 자기장과 동일하며 $1/r$ 의 비율로 감소함을 알 수 있다.

이번에는 도선 내부 영역($r < r_0$)에서 $\vec{B}$를 구해보자. 여기서도 앞에서 살펴본 논리적 추론을 바탕으로 도선의 내부에 [그림 4.9]에 "암페어 루프 #2"으로 표시된 좀 더 작은 루프를 만든다. 여기서 도선 외부 영역의 자기장을 구할 때와의 유일한 차이점은 루프로 둘러싸이는 전류는 전체 전류 I의 일부분이라는 사실이다. 전류가 도선의 단면 전체에 균일하게 분포하므로 전류밀도[8]는 $I/(\pi r_0^2)$이다. 따라서 루프 속을 통과하는 전류는 다음과 같이 전류밀도에 루프의 면적을 곱해서 구할 수 있다.

---

7 $\vec{B} = B_\phi\hat{\phi}$, $d\vec{l} = (r\,d\phi)\hat{\phi}$로 하면 $\vec{B} \circ d\vec{l} = B_\phi r d\phi$이므로 $\int_0^{2\pi} B_\phi r d\phi = B_\phi(2\pi r)$로 유도할 수도 있다.

8 전류밀도에 대해서는 이번 4장의 뒤에서 설명한다.

$$\text{루프 내부 전류} = \text{전류 밀도} \times \text{루프 면적}$$

$$I_{\text{내부}} = \frac{I}{\pi r_0^2}\pi r^2 = I\frac{r^2}{r_0^2}$$

이 식을 암페어 법칙에 대입하면 다음과 같다.

$$\oint_C \vec{B} \circ d\vec{l} = B(2\pi r) = \mu_0 I_{\text{내부}} = \mu_0 I \frac{r^2}{r_0^2}$$

따라서 자기장은

$$B = \frac{\mu_0 I r}{2\pi r_0^2}$$

가 된다. 도선 내부에서 자기장은 도선 중심으로부터의 거리 r에 따라 선형적으로 증가하여 도선 표면($r = r_0$)에서 크기가 최대가 된다.

예제 4.2 커패시터의 두 판(원 모양)에 쌓이는 전하의 변화가 시간의 함수로 주어질 때, 두 판 사이의 전기 선다발의 변화율 구하기. 또한 두 판 사이의 특정 위치에서 전기 선다발에 의해 발생하는 자기장의 크기 구하기

문제 식(4.5)로부터 두 판 사이의 전기 선다발의 변화율은 다음과 같다.

$$\frac{d\Phi_E}{dt} = \frac{d}{dt}\left(\int_S \vec{E} \circ \hat{n}\, da\right) = \frac{1}{\varepsilon_0}\frac{dQ}{dt}$$

여기서 Q는 각 판의 총 전하량이다. 먼저 커패시터가 충전되면서 커패시터의 판에 쌓이는 전하가 시간에 따라 어떻게 변하는지 구해보자. 회로이론에서 배운 바에 따르면 직렬 RC 회로에서 커패시터에 쌓이는 전하량은 시간의 함수로 다음과 같이 쓸 수 있다.

$$Q(t) = C\Delta V(1 - e^{-t/RC})$$

여기서 ΔV는 두 판 사이의 전압 차이(전위차), R은 직렬저항, C는 커패시턴스이다. 따라서

$$\frac{d\Phi_E}{dt} = \frac{1}{\varepsilon_0}\frac{d}{dt}\left[C\Delta V(1 - e^{-t/RC})\right] = \frac{1}{\varepsilon_0}\left(C\Delta V\frac{1}{RC}e^{-t/RC}\right) = \frac{\Delta V}{\varepsilon_0 R}e^{-t/RC}$$

를 얻을 수 있다. 이 식은 두 판 사이 영역에서 총 전기 선다발의 시간 변화율이다. 판의 중심에서 r 만큼 떨어진 거리에서 자기장을 구해보자. 그러기 위해서는 "특수 암페어 루프"를 잘 만들어서 다음의 암페어-맥스웰 법칙의 적분 바깥으로 자기장을 빼내야 한다.

$$\oint_C \vec{B} \circ d\vec{l} = \mu_0\left(I_{\text{내부}} + \varepsilon_0\frac{d}{dt}\int_S \vec{E} \circ \hat{n}\, da\right)$$

커패시터의 두 판 사이 영역을 흐르는 전하는 없으므로 $I_{\text{내부}} = 0$ 이다. 따라서

$$\oint_C \vec{B} \circ d\vec{l} = \mu_0\left(\varepsilon_0\frac{d}{dt}\int_S \vec{E} \circ \hat{n}\, da\right)$$

가 된다. [예제 4.1]에서는 직선 도선에 대한 "특수 암페어 루프"로, 자기장의 크기는 적분을 수행하는 경로인 루프 위의 모든 점에서 일정하고 자기장의 방향은 루프 경로의 방향과 나란하게 되는 원형루프를 선택했다. 이를 참고로 하면 [그림 4.10]과 같이 원형 커패시터 판에 나란한 원형 루프를 "특수 암페어 루프"로 선택하는 것이 가장 좋음을 알 수 있다.

여기서 루프의 반지름은 r이다. 이 r은 판의 중심으로부터의 거리로 바로 자기장을 구하려고 하는 위치이기도 하다. 물론 두 판 사이 영역에 존재하는 전기 선다발 중에 일부만이 이 루프 속을 통과하므로 이에 따라 선다발의 시간 변화율을 나타내는 수식을 수정해야 한다. 총 전기 선다발 중에서 반지름이 r인 루프 속을 통과하는 선다발의 비율은 커패시터 판의 면적에 대한 루프 면적의 비율인 $(\pi r^2)/(\pi r_0^2)$ 와 같다. 따라서 루프 속을 통과하는 전기 선다발의 시간 변화율은 다음과 같다.

$$\left(\frac{d\Phi_E}{dt}\right)_{\text{루프}} = \frac{\Delta V}{\varepsilon_0 R}e^{-t/RC}\left(\frac{r^2}{r_0^2}\right)$$

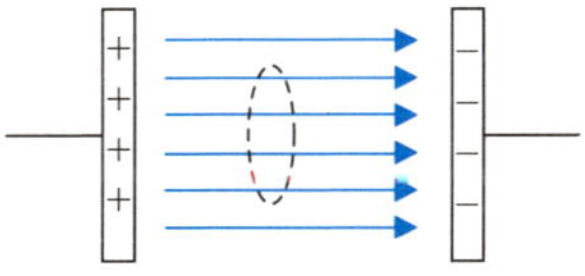

그림 4.10 커패시터의 두 판 사이 영역에 만든 원형 특수 암페어 루프

이 식을 암페어-맥스웰 법칙에 대입하면

$$\oint_C \vec{B} \circ d\vec{l} = \mu_0 \left[\varepsilon_0 \frac{\Delta V}{\varepsilon_0 R} e^{-t/RC} \left(\frac{r^2}{r_0^2} \right) \right] = \frac{\mu_0 \Delta V}{R} e^{-t/RC} \left(\frac{r^2}{r_0^2} \right)$$

를 얻는다. 여기서도 [예제 4.1]의 경우와 마찬가지로 구조의 대칭성을 이용하여 $\vec{B}$를 점곱과 적분 바깥으로 빼낼 수 있도록 특수 암페어 루프를 선택하였으므로 다음과 같은 결과를 얻을 수 있다.

$$\oint_C \vec{B} \circ d\vec{l} = B(2\pi r) = \frac{\mu_0 \Delta V}{R} e^{-t/RC} \left(\frac{r^2}{r_0^2} \right)$$

따라서 자기장의 크기는 다음과 같다.

$$B = \frac{\mu_0 \Delta V}{2\pi r R} e^{-t/RC} \left(\frac{r^2}{r_0^2} \right) = \frac{\mu_0 \Delta V}{2\pi R} e^{-t/RC} \left(\frac{r}{r_0^2} \right)$$

이 결과로부터 자기장은 커패시터 중심으로부터의 거리에 따라서 선형적으로 증가한다. 또한 시간에 따라서 지수적으로 감소하여 $t = RC$ 만큼 시간이 지나면 초깃값의 $1/e \approx 0.37$ 배가 된다.

4.2 미분형 암페어-맥스웰 법칙

암페어-맥스웰 법칙의 미분형은 일반적으로 다음 식으로 쓸 수 있다.

$$\vec{\nabla} \times \vec{B} = \mu_0 \left(\vec{J} + \varepsilon_0 \frac{\partial \vec{E}}{\partial t} \right) \qquad \text{암페어-맥스웰 법칙(미분형)}$$

수학적으로 설명하면 이 방정식의 좌변은 자기장의 회전(curl)이다. 회전이란 어떤 한 점(특정 위치) 주위를 따라 장선(field line)이 순환하는 성향을 말한다. 방정식의 우변을 이루고 있는 두 항은 각각 전류 밀도와 전기장의 시간에 따른 변화율이다.

이 두 항에 대해서는 잠시 후에 자세히 다루기로 한다. 지금 중요한 것은 미분형 암페어-맥스웰 법칙의 의미를 확실히 이해하는 것이다.

전류와 시간에 따라 변하는 전기장은 순환하는 자기장을 생성한다.

암페어-맥스웰 법칙의 미분형에 잘 이해할 수 있도록 다음 그림에 수식을 구성하는 각 기호의 의미를 설명하였다.

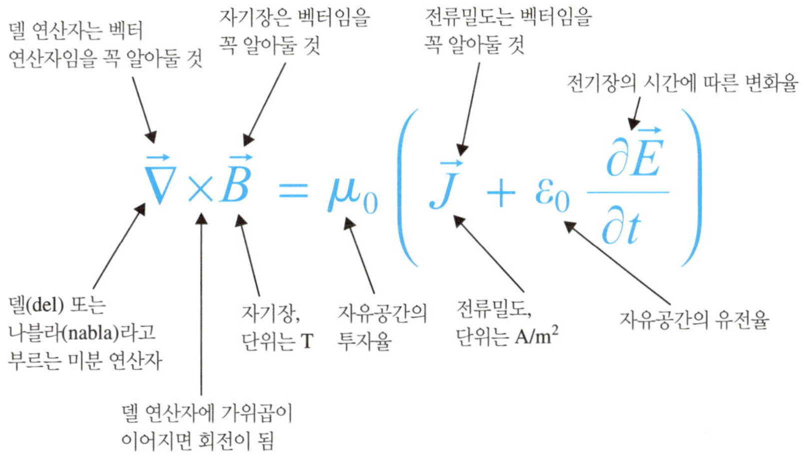

$\vec{\nabla}\times\vec{B}$ 자기장의 회전

미분형 암페어-맥스웰 법칙의 좌변은 자기장의 회전을 나타낸다. 전류에 의해 발생하는 자기장이든 시간에 따라 변하는 전기장에 의해 발생하는 자기장이든 모든 자기장은 순환하여 자신에게 되돌아오므로 연속적인(중간에 끊어진 곳이 없는) 루프를 형성한다. 어떤 장이 순환하여 자신에게 되돌아오는 형태인 경우에는, 그 장의 회전 값이 0이 아닌 점이 최소한 하나는 존재한다. 다시 말해 적어도 어떤 한 점에서는 그 점 주위를 빙 도는 경로를 따라 순환하는 형태의 장을 적분하면 0이 아닌 값이 나온다. 자기장의 경우, 그 자기장의 회전 값이 0이 아닌 위치(점)는 전류가 흐르고 있는 위치거나 전기장이 시간에 따라 변하고 있는 위치이다.

여기서 꼭 알아두어야 할 것은 자기장이 순환한다고 해서 그 장의 회전(curl)이 어느 점에서나 0이 아니라고 결론을 내려서는 안 된다는 사실이다. 어떤 위치(점)에서 벡터 장이 곡선 모양이면 그 점에서 그 장의 회전은 0이 아니라고 흔히 알고 있는데 이는 잘못이다.

이것이 왜 잘못인지 지금부터 알아보자. [그림 2.1]에 있는 전류가 흐르는 무한 길이 도선의 자기장을 살펴보자. 자기 장선은 전류 주위를 순환하는 모양인데 [표 2.1]의 수식으로부터 이 자기장은 ϕ 방향 성분만을 가지며 크기는 $1/r$ 의 비율로 감소함을 알 수 있다.

$$\vec{B}=\frac{\mu_0 I}{2\pi r}\hat{\phi}$$

이 자기장의 회전은 세 좌표계 중에서 원통 좌표계에서 계산하면 특히 쉽게 계산할 수 있다.

$$\vec{\nabla}\times\vec{B}=\left(\frac{1}{r}\frac{\partial B_z}{\partial\phi}-\frac{\partial B_\phi}{\partial z}\right)\hat{r}+\left(\frac{\partial B_r}{\partial z}-\frac{\partial B_z}{\partial r}\right)\hat{\phi}+\frac{1}{r}\left(\frac{\partial(rB_\phi)}{\partial r}-\frac{\partial B_r}{\partial\phi}\right)\hat{z}$$

자기장이 ϕ 방향 성분만을 가지므로 위에 주어진 B_ϕ 성분과 $B_r=B_z=0$ 을 대입하면

$$\vec{\nabla}\times\vec{B}=\left(-\frac{\partial B_\phi}{\partial z}\right)\hat{r}+\frac{1}{r}\left(\frac{\partial(rB_\phi)}{\partial r}\right)\hat{z}=-\frac{\partial(\mu_0 I/2\pi r)}{\partial z}\hat{r}+\frac{1}{r}\frac{\partial(r\mu_0 I/2\pi r)}{\partial r}\hat{z}=0$$

이 된다. 따라서 자기장의 모양은 곡선이지만 회전은 0이다.

그러나 미분형 암페어-맥스웰 법칙은 우리에게 전류가 흐르고 있거나 전기장

이 변하고 있는 위치(점) 부근에서 자기장의 회전이 0이 아님을 설명하고 있지 않은가?

아니다. 이는 틀린 말이다. 정확히 설명하자면 미분형 암페어-맥스웰 법칙은 $\vec{B}$의 회전은 전류가 흐르고 있는 "바로 그 위치(점)", 또는 전기장이 변하고 있는 "바로 그 위치"에서만 0이 아님을 말하고 있음에 주의해야 한다. 그 위치에서 멀어지면 장은 당연히 곡선 모양을 하게 된다. 자기장의 원천이 존재하는 위치가 아닌 어떤 점에서도 이렇게 곡선 모양을 하고 있는 자기장의 회전은 0이 된다. 위에서 무한길이 선 전류의 자기장에 대해 회전을 구해 0을 얻은 결과가 바로 이 사실을 입증하고 있다.

곡선 모양의 장이 어떻게 해서 회전 값이 0이 될까? 그 비밀은 장의 방향과 더불어 장의 "크기" 속에도 숨어있는데 [그림 4.11]을 살펴보면서 이에 대해 알아보자.

3장에서 사용한 유체 흐름과 작은 작은 물레방아 비유를 여기에서도 적용해보자. [그림 4.11(a)]를 보면 어떤 유체의 흐름을 나타내는 벡터의 유선(벡터 장선) 속에 날개가 달린 작은 물레방아가 놓여있다. 이 세 개의 곡선 모양(원의 일부) 유선의 중심은 이 그림의 밑보다 훨씬 아래쪽 어디에 있다. 각 유선 사이의 간격을 살펴보면, 중간에 있는 유선이 위쪽 유선보다는 아래쪽 유선과 가깝다. 벡터의 크기는 유선의 밀도에 비례하므로 이러한 유선의 간격으로부터 이 벡터 장의 크기는 유선의 중심에서 거리가 멀어질수록 약해짐을 알 수 있다(즉 물레방아를 기준으로 위쪽으로 갈수록 약해지고 아래쪽으로 갈수록 강해진다). 언뜻 생각하면 이런 식으로 구부러진 흐름벡터의 유선이 물레방아의 날개에 부딪히면 물레방아는 시계방향으로 회전할 것처럼 보인다. 유선이 물레방아의 왼쪽 날개에는 약간 위쪽 방향으로 힘을 가하고 오른쪽 날개에는 약간 아래쪽 방향으로 힘을 가하고 있기 때문이다. 그

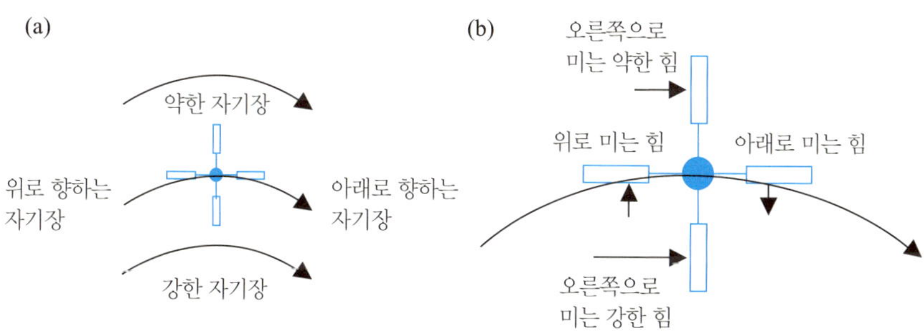

그림 4.11 $\vec{B}$의 회전에 영향을 주는 성분들

러나 여기에는 빠진 것이 하나가 있다. 유선에 의해 물레방아의 위쪽 날개와 아래쪽 날개에 가해지는 힘을 비교해 봐야 한다. [그림 4.11(b)]에 나타낸 것처럼 위쪽 날개가 받는 힘이 아래쪽보다는 작다. 아래쪽 날개에 더 강한 힘이 가해지므로 물레방아는 반시계방향으로 돌려고 할 것이다. 따라서 벡터 장선의 구부러진 형태(원 모양)의 영향은 벡터 장의 크기가 거리에 따라 작아지는 영향은 서로 반대로 작용한다. 만일 벡터 장의 크기가 거리 r에 따라 $1/r$ 비율로 감소하면, 왼쪽-오른쪽 날개에 가해지는 힘은 위쪽-아래쪽 날개에 의해 가해지는 힘에 의해 정확하게 상쇄된다. 시계방향 힘과 반시계방향 힘이 평형을 이루고 있으므로 물레방아는 돌지 않는다. 벡터 장선이 곡선 모양인 점이지만 그 점에서 벡터 장의 회전은 0이다.

지금까지 설명한 내용에 담긴 핵심 개념을 정리해보자. 자기장 $\vec{B}$가 곡선모양을 하고 있는 위치는 아주 많지만 전류가 흐르는 점 또는 전기 선다발이 시간에 따라 변하고 있는 점에서만 $\vec{B}$의 회전이 0이 아니다. 이러한 개념에 대응하는 것을 전기장과 관련하여 살펴보자. 점 전하에 의해 발생하는 전기장의 크기는 거리에 따라 $1/r^2$의 비율로 감소한다. 이 전기장의 발산은 점 전하가 놓여있는 위치(점)를 제외한 모든 점에서 0이 된다.

전기장의 경우에도 마찬가지였지만 위에서 자기장의 회전을 살펴볼 때 원천(전류 또는 시간에 따라 변하는 전기장)이 위치한 원점($r = 0$)은 포함시키지 않았다. 그 까닭은 회전을 구하는 데 사용되는 원통 좌표계의 수식 속에는 분모가 r인 항들이 들어있어서 $r = 0$인 원점에서는 무한대가 되어 버리기 때문이다. 원점에서 회전을 구하기 위해 3장에서 살펴본 회전의 정의 식을 사용해보자.

$$(\vec{\nabla}\times\vec{B})\circ\hat{n} \equiv \lim_{\Delta S\to 0}\frac{1}{\Delta S}\oint_C \vec{B}\circ d\vec{l}$$

무한길이 선 전류를 둘러싸는 특수 암페어 루프(반지름이 r인 원)에 대해 이 식을 계산하면

$$\vec{\nabla}\times\vec{B} \equiv \lim_{\Delta S\to 0}\frac{1}{\Delta S}\left(\oint_C \vec{B}\circ d\vec{l}\right)\hat{n} = \lim_{\Delta S\to 0}\left(\frac{1}{\Delta S}\frac{\mu_0\vec{I}}{2\pi r}(2\pi r)\right) = \lim_{\Delta S\to 0}\left(\frac{1}{\Delta S}\mu_0\vec{I}\right)$$

이 된다. 이 식에서 $\vec{I}/\Delta S$ 는 표면 ΔS에서의 평균 전류밀도로 ΔS가 0으로 한없이 접근하면 $\vec{I}/\Delta S$는 원점에서의 전류밀도 $\vec{J}$와 같아진다. 따라서 원점에서 자기장의 회전은

$$\vec{\nabla}\times\vec{B} = \mu_0\vec{J}$$

이 되어 암페어 법칙이 된다.

전하에 의해 발생하는 전기장이 밖으로 퍼져 나가는 형태이기 때문에 이 전기장의 발산(divergence)이 모든 점에서 0이 아니라고 착각하기 쉬운 것처럼 자기장이 특정 점을 중심으로 원을 그리는 곡선 형태이기 때문에 이 자기장의 회전(curl)이 0이 아니라고 잘못 생각할 수 있다. 어떤 점에서 장의 회전을 결정하는 것은 단순히 그 점에서 장선의 모양이 곡선이냐 아니냐가 아니라 그 점을 중심으로 어느 한쪽에서 그 반대쪽으로(예를 들어 그 점의 왼쪽에서 오른쪽으로) 갈 때의 장의 변화와, 이와 수직인 방향으로(예를 들어 그 점의 아래쪽에서 위쪽으로) 갈 때의 장의 변화 사이의 상관관계이다. 만일 어떤 점에서 이 두 수직방향으로의 장의 공간 변화율(위치에 따른 장의 변화율)이 정확히 같으면 그 점에서의 장의 회전은 0이다.

전류가 흐르는 직선 도선의 경우, 도선으로부터의 거리에 따라 감소하는 자기장 크기 감소의 영향이 자기 장선의 곡선 형태가 미치는 영향과 정확히 상쇄된다. 따라서 자기장의 회전은 그 원천인 전류가 흐르고 있는 도선이 있는 점을 제외한 나머지 모든 곳에서 0이다.

$\vec{J}$ 전류밀도

미분형 암페어-맥스웰 법칙의 우변에는 순환하는 자기장을 생성하는 원천인 두 개의 항이 들어있다. 첫째 항은 전류 밀도벡터이다. 이 전류 밀도 벡터를 "부피 전류 밀도"(volume current density)라는 용어로 부르는 경우도 있는데, 이 용어는 여러분이 이미 익숙해져 있는 용어인 "부피 밀도"(volume density)와 혼동을 일으킬 수 있다. 부피 밀도는 단위부피 속에 들어있는 어떤 양을 나타내는 데 사용되는 용어로, 예를 들어 단위부피당 질량(단위: kg/m^3)을 나타내는 부피 질량밀도, 단위부피당 전하량(단위: C/m^3)을 나타내는 부피 전하밀도 등이 있다. 여러분이 이미 부피 밀도에 익숙해져 있는 관계로 부피 전류밀도에 대해 잘못된 개념을 가질 수 있으니 주의해야 한다.

전류밀도의 정의를 말로 하면, 어떤 단위 단면적을 그 단면에 대해 수직으로 통과해 흐르는 벡터 전류이다. 따라서 전류밀도의 단위는 "제곱" 미터당 암페어(A/m^2)이지 "세제곱" 미터당 암페어(A/m^3)가 아니다.

전류밀도 개념의 이해를 돕기 위해 1장에서 다룬 벡터 장의 선다발(플럭스)의 내용을 다시 살펴보자. 벡터 $\vec{A}$는 유체의 개수밀도(number density, 단위부피당 입자 개수, 단위는 개/m^3)에 유체의 속도(단위는 m/s)를 곱한 것으로 정의된다. $\vec{A}$는 스칼라인 개수밀도와 벡터인 속도의 곱이므로 $\vec{A}$의 방향은 속도의 방향과 같아야 하며 $\vec{A}$의 단위는 단위면적당 단위초당 입자개수인 개/(m^2 · s)이 된다. 초당 어떤 표면을 통해 지나가는 입자의 개수를 가장 단순한 경우($\vec{A}$가 크기는 표면 전체에 걸쳐 균일하고 방향은 표면에 수직인 경우)에 대해 구해보면 $\vec{A}$의 크기에 그 표면의 면적을 곱한 것이 된다.

여기서 표면을 통과하는 입자를 전하(charge)를 가진 입자라고 가정하자. 전하 입자의 개수밀도가 n (개/m^3)이고 전하 입자 하나가 가진 전하량을 q (C/개)라 하자. 그러면 전하 입자가 흐르는 방향에 수직으로 놓여 있는 단위 면적을 초당 통과하는 총 전하량은 다음 식으로 쓸 수 있다.

$$\vec{J} = nq\vec{v}_{\mathrm{d}} \quad (\mathrm{C/m^2\,s} \text{ 또는 } \mathrm{A/m^2}) \tag{4.8}$$

여기서 $\vec{v}_{\mathrm{d}}$는 전하 입자의 유동속도(표류속도, drift velocity)이다. 따라서 전류 밀도의 방향은 전류가 흐르는 방향과 같고 전류밀도의 크기는 단위면적당 전류의 크기와 같다. 이 내용을 [그림 4.12]에 나타내었다.

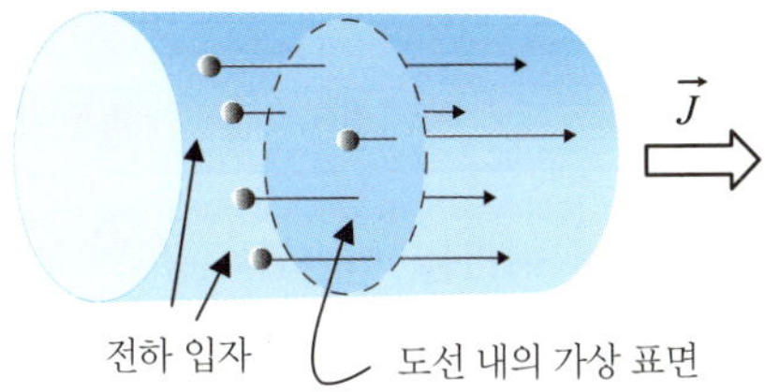

그림 4.12 전류 흐름과 전류 밀도

문제에서 다루는 구조에 따라 어떤 표면을 통과하는 총 전류 I 와 전류밀도 $\vec{J}$ 사이의 관계가 달라지므로 주의해야 한다. 어떤 표면 S 에 분포하는 전류밀도 $\vec{J}$의 크기가 균일하고 방향은 표면 위의 모든 곳에서 표면에 수직인 경우에는 총 전류 I와 전류밀도 $\vec{J}$ 사이의 관계는 다음과 같다.

$$I = \left|\vec{J}\right| \times (\text{표면 면적}) \qquad \vec{J}\text{는 균일하고 표면 }S\text{에 수직방향} \tag{4.9}$$

어떤 표면 S에 분포하는 $\vec{J}$의 크기는 균일하지만 방향은 표면에 대해 수직이 아닌 경우에는 표면에 수직인 방향으로의 전류밀도 성분을 구해야 한다. 이 경우에는 총 전류 I와 전류밀도 $\vec{J}$ 사이의 관계는 다음과 같다.

$$I = \vec{J} \circ \hat{n} \times (\text{표면 면적}) \qquad \vec{J}\text{는 균일하고 표면 }S\text{와 어떤 특정 각도를 이루고 있는 경우} \tag{4.10}$$

이번에는 어떤 표면 S에 분포하는 $\vec{J}$의 크기는 불균일하고 표면과 이루는 각도가 가변적인 경우에는 총 전류 I와 전류밀도 $\vec{J}$ 사이의 관계는 다음과 같다.

$$I = \int_S \vec{J} \circ \hat{n}\, da \qquad \vec{J}\text{가 불균일하고 표면 }S\text{와 이루는 각도가 가변적인 경우} \tag{4.11}$$

이 수식을 보면 전류를 “전류밀도의 선다발”로 간주할 수 있다.

암페어-맥스웰 법칙에 들어있는 전류밀도로는 자유전류(즉 전도전류)는 물론 자성체 속의 속박 전류밀도(bound current density)를 포함한 모든 종류의 전류를 고려해야 한다. 부록에서 물질 속에서 적용되는 맥스웰 법칙을 설명하였다.

$\varepsilon_0 \frac{\partial \vec{E}}{\partial t}$ 변위 전류밀도

암페어-맥스웰 법칙의 우변에 들어있는 자기장을 생성하는 두 원천 항 중에서 두 번째는 시간에 따른 전기장의 변화율을 포함하고 있는 항이다. 이 항에 자유공간의 유전율을 곱하면 단위가 SI 단위계로 A/m^2이 된다. 이 단위는 미분형 암페어-맥스웰 법칙의 우변에 함께 들어있는 전도 전류밀도(conduction current density) $\vec{J}$의 단위와 일치한다. 맥스웰은 이 항을 분자 소용돌이의 탄성 변화에 의해 발생하는 전기 입자의 물리적인 변위로 보았다. 그래서 이 현상을 설명하기 위해 만든 용어가 "변위전류(displacement current)"이다.

그런데, 이 변위 전류밀도는 실제 전류인가? 전하가 실제로 이동하는 것이 전류의 정의이므로 통상적인 의미에 비춰보면 실제 전류가 아닌 것이 분명하다. 그렇지만 단위가 A/m^2이면서 자기장을 생성하는 원천의 역할을 하는 이 변위 전류밀도가 오랜 세월동안 "전류"라는 용어가 포함된 그 이름을 변함없이 유지하고 있는 까닭은 쉽게 이해할 수 있다. 또한 변위 전류밀도는 벡터양으로서 자기장에 대한 관계가 전도 전류밀도 $\vec{J}$와 동일하다.

여기에서 핵심 개념은 전하가 존재하지 않고 실제 흐르는 전류가 없어도 시간에 따라 변하는 전기장이 있으면 자기장이 발생한다는 것이다. 이러한 방식을 통해 변화하는 자기장은 전기장을 유도하고 이어서 이 변화하는 전기장은 다시 자기장을 유도하는 과정을 되풀이하면서 전자기적 파동(electromagnetic wave), 즉 전자파가 완전한 진공과 같은 공간을 통해서도 전파한다.

맥스웰의 물리적(기계적) 모델로부터 처음 고안된 이 변위전류 항의 중요성은 아무리 과장해도 지나치지 않을 정도이다. 자기장의 원천인 시간에 따라 변하는 전기장이 암페어 법칙에 추가되면서 전하보존 법칙에 어긋나는 문제가 제거되어 암페어 법칙이 적용되는 범위는 정적인 장에서 시간에 따라 변하는 장까지 확장되었다. 더욱 중요한 것은 이를 바탕으로 맥스웰이 전자기학(electromagnetism)이라는 종합적인 이론을 확립했다는 사실이다. 맥스웰이 확립한 최초의 장 이론(field theory)인 이 전자기학은 20세기 물리학의 기초가 되었다.

$\vec{\nabla}\times\vec{B}=\mu_0\left(\vec{J}+\varepsilon_0\frac{\partial\vec{E}}{\partial t}\right)$ 암페어–맥스웰 법칙(미분형) 적용하기

미분형 암페어-맥스웰 법칙을 사용하여 풀 수 있는 문제의 유형 중에서 가장 대표적인 것은 자기장 벡터의 수식이 주어질 때 전도 전류밀도 또는 변위 전류밀도를 구하는 것이다. 지금부터 이와 관련한 예제 두 개를 풀어보자.

예제 4.3 자기장 수식이 주어질 때 특정한 위치에서 전류밀도 구하기

문제 반지름이 r_0인 긴 직선 도선을 따라 $+z$ 방향으로 정적인 정상 전류 I가 흐르고 있다. 전류가 도선의 단면 전체에 걸쳐 균일하게 퍼져 흐른다고 가정할 때 [표 2.1]에 수록된 자기장 수식을 사용하여 도선 내부 영역($r < r_0$)과 도선 외부 영역($r > r_0$)에서 전류밀도를 구하라.

풀이 [표 2.1]과 [예제 4.1]로부터 긴 직선 도선 내부의 자기장은 다음과 같다.

$$\vec{B}=\frac{\mu_0 Ir}{2\pi r_0^2}\hat{\phi}$$

여기서 I는 도선에 흐르는 전류이고 r_0는 도선의 반지름이다. 원통 좌표계에서 $\vec{B}$의 회전을 계산하는 식은 다음과 같다.

$$\vec{\nabla}\times\vec{B}\equiv\left(\frac{1}{r}\frac{\partial B_z}{\partial\phi}-\frac{\partial B_\phi}{\partial z}\right)\hat{r}+\left(\frac{\partial B_r}{\partial z}-\frac{\partial B_z}{\partial r}\right)\hat{\phi}+\frac{1}{r}\left(\frac{\partial(rB_\phi)}{\partial r}-\frac{\partial B_r}{\partial\phi}\right)\hat{z}$$

자기장이 $\hat{\phi}$ 방향 성분만을 가지므로 위에 주어진 B_ϕ 성분과 $B_r = B_z = 0$을 대입하면 다음과 같다.

$$\vec{\nabla}\times\vec{B}=\left(-\frac{\partial B_\phi}{\partial z}\right)\hat{r}+\frac{1}{r}\left(\frac{\partial(rB_\phi)}{\partial r}\right)\hat{z}=\frac{1}{r}\left(\frac{\partial\left(r(\mu_0 Ir/2\pi r_0^2)\right)}{\partial r}\right)\hat{z}$$

$$=\frac{1}{r}\left(2r\frac{\mu_0 I}{2\pi r_0^2}\right)\hat{z}=\left(\frac{\mu_0 I}{\pi r_0^2}\right)\hat{z}$$

도선에 정상 전류가 흐르고 있으므로 정적인 경우에 적용되는 다음의 암페어-맥스웰 법칙을 사용하여 $\vec{B}$의 회전으로부터 $\vec{J}$를 구할 수 있다.

$$\vec{\nabla} \times \vec{B} = \mu_0(\vec{J})$$

따라서 도선 내부의 전류밀도는 다음과 같다.

$$\vec{J} = \frac{1}{\mu_0}\left(\frac{\mu_0 I}{\pi r_0^2}\right)\hat{z} = \frac{I}{\pi r_0^2}\hat{z}$$

도선 외부 영역에 분포하는 $\vec{B}$의 수식에 회전을 취해보면 예측한 대로 $\vec{J} = 0$이 나온다. 실제로 이렇게 되는지 여러분들이 직접 확인해보기 바란다.

예제 4.4 자기장 수식이 주어질 때 변위 전류밀도 구하기

문제 [예제 4.2]에서는 원형 평행판 커패시터의 자기장을 다음 식으로 구했다.

$$\vec{B} = \frac{\mu_0 \Delta V}{2\pi R} e^{-t/RC}\left(\frac{r}{r_0^2}\right)\hat{\phi}$$

이 수식을 사용하여 두 원형 판 사이의 영역에서 변위 전류밀도를 구하라.

풀이 이번에도 원통 좌표계에서 $\vec{B}$의 회전을 계산한다.

$$\vec{\nabla} \times \vec{B} \equiv \left(\frac{1}{r}\frac{\partial B_z}{\partial \phi} - \frac{\partial B_\phi}{\partial z}\right)\hat{r} + \left(\frac{\partial B_r}{\partial z} - \frac{\partial B_z}{\partial r}\right)\hat{\phi} + \frac{1}{r}\left(\frac{\partial (rB_\phi)}{\partial r} - \frac{\partial B_r}{\partial \phi}\right)\hat{z}$$

이 자기장도 ϕ 방향 성분만을 가지므로 위에 주어진 B_ϕ 성분과 $B_r = B_z = 0$을 대입하면

$$\vec{\nabla} \times \vec{B} = \left(-\frac{\partial B_\phi}{\partial z}\right)\hat{r} + \frac{1}{r}\left(\frac{\partial (rB_\phi)}{\partial r}\right)\hat{z} = \frac{1}{r}\left[\frac{\partial\left((r\mu_0 \Delta V/2\pi R)e^{-t/RC}\left(\frac{r}{r_0^2}\right)\right)}{\partial r}\right]\hat{z}$$

$$= \frac{1}{r}\left[2r\frac{\mu_0 \Delta V}{2\pi R}e^{-t/RC}\left(\frac{1}{r_0^2}\right)\right]\hat{z} = \left[\frac{\mu_0 \Delta V}{\pi R}e^{-t/RC}\left(\frac{1}{r_0^2}\right)\right]\hat{z}$$

을 얻는다. 두 판 사이에는 전도 전류는 흐르지 못하므로 $\vec{J} = 0$이다. 따라서 암페어-맥스웰 법칙은 다음으로 쓸 수 있다.

$$\vec{\nabla}\times\vec{B} = \mu_0\left(\varepsilon_0\frac{\partial\vec{E}}{\partial t}\right)$$

이 식으로부터 변위 전류밀도는 다음과 같이 구할 수 있다.

$$\varepsilon_0\frac{\partial\vec{E}}{\partial t} = \frac{\vec{\nabla}\times\vec{B}}{\mu_0} = \frac{1}{\mu_0}\left[\frac{\mu_0\Delta V}{\pi R}e^{-t/RC}\left(\frac{1}{r_0^2}\right)\right]\hat{z} = \left[\frac{\Delta V}{R}e^{-t/RC}\frac{1}{\pi r_0^2}\right]\hat{z}$$

연/습/문/제

다음 문제를 풀어보면서 암페어-맥스웰 법칙을 얼마나 잘 이해하고 있는지 검사하라. 해답은 이 책의 웹사이트에서 확인할 수 있다.

4.1 나란히 놓여 있는 두 평행 도선에 크기가 각각 I_1 과 $2I_1$ 인 전류가 서로 반대 방향으로 흐르고 있다. 암페어 법칙을 사용하여 두 도선 사이의 중간점에서 자기장을 구하라.

4.2 아래 그림과 같은 솔레노이드의 내부 영역에서 자기장을 구하라. [힌트] 아래 그림에 표시한 암페어 루프를 사용하라. 또 자기장은 내부에서는 솔레노이드 축에 평행하며 외부에서는 무시할 수 있다.

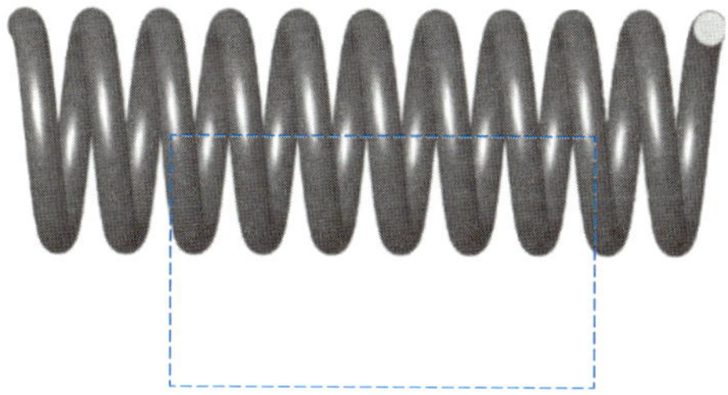

그림 P4.2

4.3 아래 그림과 같은 원형 고리의 내부 영역에서 자기장을 구하라. 이때 그림에 표시한 암페어 루프를 사용하라.

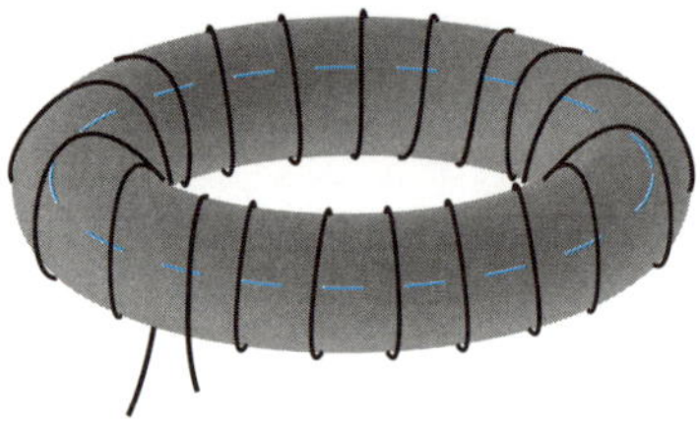

그림 P4.3

4.4 아래 그림과 같은 동축 케이블이 있다. 내부 도체를 따라서는 그림에 표시한 화살표 방향으로 전류 I_1이 흐르고 외부 도체를 따라서는 이와는 반대 방향으로 전류 I_2가 흐르고 있다. I_1과 I_2의 크기가 같을 때 두 도체 사이의 영역과 케이블 바깥 영역에서 자기장을 구하라.

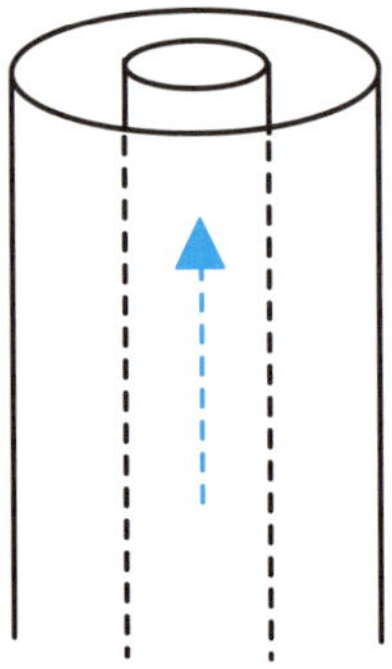

그림 P4.4

4.5 어떤 커패시터가 방전이 되면서 두 판에 쌓인 전하가 각각 다음 수식과 같이 시간에 따라 줄어들고 있다.

$$Q(t) = Q_0 e^{-t/RC}$$

여기서 Q_0는 초기 전하량, C는 커패시터의 커패시턴스, R은 방전되는 전하가 통과하는 회로의 저항이다. 이 커패시터의 두 판 사이의 영역에 발생하는 변위 전류를 구하라.

4.6 자기장 $\vec{B} = a\sin(by)e^{bx}\hat{k}$을 생성하는 전류밀도를 구하라.

4.7 자기장 $\vec{B} = B_0(e^{-2r}\sin\phi)\hat{z}$을 생성하는 전류밀도를 원통 좌표계에서 구하라.

4.8 자기장 $\vec{B} = \left[a/r + (b/r)e^{-r} + ce^{-r}\right]\hat{\phi}$을 생성하는 전류밀도를 원통 좌표계에서 구하라.

4.9 이번 4장에서 배운 바에 따르면 다음 수식

$$\vec{B} = \frac{\mu_0 I}{2\pi r}\hat{\phi}$$

로 주어지는 긴 직선 도선의 자기장은 도선이 놓여있는 점을 제외한 나머지 모든 곳에서 회전이 0이 되는 성질이 있다. 장의 크기가 $1/r$이 아니라 $1/r^2$의 비율로 줄어드는 경우에는 이러한 성질이 성립하지 않음을 증명하라.

4.10 변위 전류를 직접 측정하기 위해 연구원들이 시간에 따라 변하는 전압원을 사용하여 원형 평행판 커패시터를 충전시키고 방전시키는 실험을 하고 있다. 실험과정에서 아래와 같은 수식의 자기장이 발생할 때, 이 자기장을 생성하는 변위 전류밀도와 전기장을 시간의 함수로 구하라.

$$\vec{B} = \frac{r\omega\,\Delta V\cos(\omega t)}{2d(c^2)}\hat{\phi}$$

여기서 r은 커패시터 판의 중심으로부터의 거리, ω는 인가전압 ΔV의 각 주파수, d는 두 판 사이의 간격, c는 빛의 속도이다.

5

파동 방정식

맥스웰 방정식을 구성하고 있는 네 개의 방정식은 하나하나가 그 자체로 매우 강력하고 유용한 법칙으로, 저마다 전자장 이론의 중요한 부분을 이루고 있다. 맥스웰은 이러한 네 개의 법칙을 하나로 종합하고 암페어 법칙에 변위전류를 추가한 성과를 거두었지만 이를 뛰어넘은 진정한 업적은 이 방정식들을 서로 결합하여 전자기학이라는 종합적인 이론을 수립하고자 하는 자신의 목표를 이루었다는 데에 있다. 전자기학은 빛의 실체를 밝혔고 전자기 방사의 전체 스펙트럼 영역을 볼 수 있는 눈을 뜨게 해주었다.

이번 5장에서는 몇 가지 단계를 거쳐 맥스웰 방정식으로부터 파동 방정식을 직접 유도하는 방법을 배운다. 유도를 해나가는 과정에서는 발산정리(divergence theorem)와 스토크스 정리(Stokes' theorem)라는 두 가지 벡터 미적분 이론이 필요하므로 이들을 잘 이해해야 한다. 이 두 이론을 이용하면 맥스웰 방정식을 적분형에서 미분형으로 매우 간편하게 바꿀 수 있다.

전기장용 가우스 법칙

$$\oint_S \vec{E} \circ \hat{n}\, da = q_{\text{내부}}/\varepsilon_0 \xrightarrow{\text{발산정리}} \vec{\nabla} \circ \vec{E} = \rho/\varepsilon_0$$

자기장용 가우스 법칙

$$\oint_S \vec{B} \circ \hat{n}\, da = 0 \xrightarrow{\text{발산정리}} \vec{\nabla} \circ \vec{B} = 0$$

패러데이 법칙

$$\oint_C \vec{E} \circ d\vec{l} = -\frac{d}{dt}\int_S \vec{B} \circ \hat{n}\, da \xrightarrow[\text{정리}]{\text{스토크스}} \vec{\nabla} \times \vec{E} = -\frac{\partial \vec{B}}{\partial t}$$

암페어-맥스웰 법칙

$$\oint_C \vec{B} \circ d\vec{l} = \mu_0\left(I_{\text{내부}} + \varepsilon_0 \frac{d}{dt}\int_S \vec{E} \circ \hat{n}\, da\right) \xrightarrow[\text{정리}]{\text{스토크스}} \vec{\nabla} \times \vec{B} = \mu_0\left(\vec{J} + \varepsilon_0 \frac{\partial \vec{E}}{\partial t}\right)$$

5장에서는 발산정리와 스토크스 정리와 함께 기울기(gradient) 연산자와 유용한 항등식 몇 개를 살펴본다. 이번 장의 최종 목적지가 바로 파동 방정식이므로 다음에 전기장용 파동 방정식과 자기장용 파동 방정식을 구성하는 각 기호의 의미를 설명하였다.

$$\nabla^2 \vec{E} = \mu_0 \varepsilon_0 \frac{\partial^2 \vec{E}}{\partial t^2}$$

라플라스 연산자

전기장 벡터

자유공간의 유전율

선기장 벡터

전기장 벡터의 2차 공간미분(위치에 따른 변화율)

자유공간의 투자율

전기장 벡터의 2차 시간미분(시간에 따른 변화율)

$$\nabla^2 \vec{B} = \mu_0 \varepsilon_0 \frac{\partial^2 \vec{B}}{\partial t^2}$$

라플라스 연산자

자기장 벡터

자유공간의 유전율

자기장 벡터

자기장 벡터의 2차 공간미분(위치에 따른 변화율)

자유공간의 투자율

자기장 벡터의 2차 시간미분(시간에 따른 변화율)

$\oint_S \vec{A} \circ \hat{n}\, da = \int_V (\vec{\nabla} \circ \vec{A})\, dv$ 발산정리

벡터 미적분 관계식 중의 하나인 발산정리는 어떤 벡터 장의 선다발은 그 장의 발산의 부피 적분과 같음을 말하고 있다. 18세기와 19세기에 이탈리아의 라그랑주[1](J. L. LaGrange), 러시아의 오스트로그라드스키(M. V. Ostrogradsky), 영국의 그린(G. Green), 독일의 가우스(C. F. Gauss)를 비롯하여 여러 명의 당대 최고 수학자들은 선 적분, 면 적분, 부피 적분 사이의 관계를 탐구했다. 어떤 책에서는 발산정리를 "가우스 정리"(Gauss's theorem)라는 용어로 부르기도 한다(가우스 정리는 가우스 법칙과는 다른 것이니 혼동하지 않도록 주의).

발산정리가 설명하는 내용은 다음과 같다.

> 어떤 닫힌표면 S 를 통과하는 어떤 장의 선다발(플럭스)은 그 표면 S 가 경계를 이루는 (즉 S 로 둘러싸인) 부피에 대해 그 장의 발산을 적분한 결과와 같다.

이 정리가 적용되려면 장(field)은, 관심 대상 영역에서 연속이고 도함수(미분)도 연속이어야 한다는 의미에서 "매끄러운"(smooth) 함수이어야 한다.

발산정리의 물리적 기초를 이해하기 위해 앞에서 배운 발산을 떠올려보자. 어떤 점의 발산은 그 점을 둘러싼 작은 닫힌표면을 통과하는 선다발을 그 닫힌표면으로 둘러싸인 부피로 나눈 다음, 그 부피를 0으로 보내 한없이 작아지게 한 극한

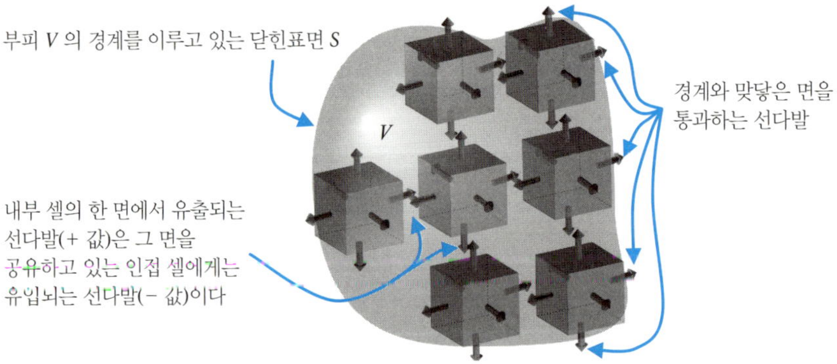

그림 5.1 닫힌표면 S 로 둘러싸인 부피 V 내부를 나누고 있는 작은 육면체 조각(셀)들

1 라그랑주는 이탈리아에서 태어났지만 독일과 프랑스에서 활동하면서 연구를 수행했다.

값으로 정의된다. 이제 [그림 5.1]과 같이 부피 V를 작은 육면체 셀로 나눈 다음, 이들 셀을 통과하는 플러스를 살펴보자.

부피 V내에서 안쪽에 위치한 셀(V의 표면에 닿지 않은 셀)의 경우, 이 셀의 여섯 개의 면은 인접한 여섯 개의 셀과 각각 한 면씩을 공유하고 있다([그림 5.1]에는 알아보기 쉽도록 셀을 모두 나타내지는 않았다). 인접한 두 셀이 공유하고 있는 한 면의 경우, 한 셀에서 공유 면을 통과해 유출되는 선다발(+ 값)은 그 공유 면을 통과해 인접한 셀로 유입되는 선다발(− 값)이 되므로 두 선다발은 크기는 같고 부호는 반대가 된다. 부피 V의 경계가 되는 표면 S를 따라 놓여있는 셀들을 제외한 모든 내부 셀들은 다른 셀들과 면을 공유하고 있으므로 최종적으로 표면 S를 따라 놓여있는 면들만이 표면 S를 통과하는 선다발에 기여를 한다.

따라서 부피 V 전체를 구성하고 있는 모든 셀들의 각 면을 통과하는 선다발을 더하면 공유 면을 통과하는 두 선다발은 상쇄되므로 부피의 경계인 표면 S를 통과하는 선다발만 남게 된다. 이제 셀의 크기를 무한히 작게 하면 발산의 정의에 따라 어떤 점에서 벡터의 발산은 그 점에서 유출되는 선다발이다. 따라서 부피 V에 들어있는 셀들의 선다발을 모두 더하는 것은 부피 V 전체에 대해 발산을 적분하는 것과 같다.

$$\oint_S \vec{A} \circ \hat{n}\, da = \int_V (\vec{\nabla} \circ \vec{A})\, dv \tag{5.1}$$

이 관계가 바로 발산정리로 V에 대한 어떤 벡터 장의 발산의 적분은 S를 통과하는 그 벡터 장의 선다발과 같다. 발산정리는 어떤 경우에 사용될까? 예를 하나 들어보자. 발산정리를 사용하여 다음의 가우스 법칙의 적분형을 미분형으로 바꿔보자.

$$\oint_S \vec{E} \circ \hat{n}\, da = q_{\text{내부}}/\varepsilon_0$$

닫힌표면으로 둘러싸인 내부전하 $q_{\text{내부}}$는 전하밀도 ρ의 부피적분으로 나타낼 수 있으므로 위 식을 다시 쓰면

$$\oint_S \vec{E} \circ \hat{n}\, da = \frac{1}{\varepsilon_0}\int_V \rho\, dv$$

이 된다. 이제 가우스 법칙의 좌변에 발산정리를 적용해보자.

$$\oint_S \vec{E} \circ \hat{n}\, da = \int_V \vec{\nabla} \circ \vec{E}\, dv = \frac{1}{\varepsilon_0}\int_V \rho\, dv = \int_V \frac{\rho}{\varepsilon_0}\, dv$$

위 적분 관계식이 어떤 부피 V에 대해서도 성립하기 위해서는 피적분 함수끼리 같아야 한다. 따라서

$$\vec{\nabla} \circ \vec{E} = \rho/\varepsilon_0$$

이 된다. 이 식은 전기장용 가우스 법칙의 미분형이다. 같은 방식으로 자기장용 가우스 법칙의 적분형

$$\oint_S \vec{B} \circ \hat{n}\, ds = 0$$

을 미분형

$$\vec{\nabla} \circ \vec{B} = 0$$

으로 바꿀 수 있다. 이에 대해서는 여러분이 직접 확인해보기 바란다.

$\oint_C \vec{A} \circ d\vec{l} = \int_S (\vec{\nabla} \times \vec{A}) \circ \hat{n}\, da$ 스토크스 정리

발산정리가 면 적분과 부피 적분 사이의 관계를 나타내는 반면, 스토크스 정리는 선 적분과 면 적분 사이의 관계를 보여준다. 톰슨(William Thompson, 나중에 기사작위를 받아 켈빈 경(Lord Kelvin)으로 불림)은 1850년에 쓴 편지에서 이 관계식을 언급했다. 캠브리지 대학에서 학생들에게 이 관계식의 증명을 시험문제로 내놓아 유명해진 사람이 바로 스토크스(G. G. Stokes)이다. 스토크스 정리를 일반적인 형태로 나타내어 설명하기도 하지만 여기서는 맥스웰 방정식에 적합한 형태(이를 켈빈-스토크스 정리(Kelvin-Stokes theorem)라고도 함)로 표시하는데 이를 말로 설명하면 다음과 같다.

> 어떤 닫힌경로 C 에 대한 어떤 벡터 장의 순환은 그 경로 C 가 경계를 이루는(즉 C 로 둘러싸인) 표면 S 에 대해 그 장의 회전의 수직성분을 적분한 결과와 같다.

이 정리가 적용되려면 장(field)은, 관심 대상 영역에서 연속이고 도함수가 존재한다(즉 미분이 가능하다)는 의미에서 "매끄러운"(smooth) 함수이어야 한다.

스토크스 정리의 물리적 기초를 이해하기 위해 앞에서 배운 회전을 떠올려보자. 어떤 점의 회전은 그 점을 둘러싼 작은 닫힌경로에 대한 순환(circulation)을 그 닫힌경로로 둘러싸인 표면으로 나눈 다음, 그 표면을 0으로 보내 한없이 작아지게 한 극한값으로 정의된다. 이제 [그림 5.2]와 같이 표면 *S*를 작은 사각형으로 나눈

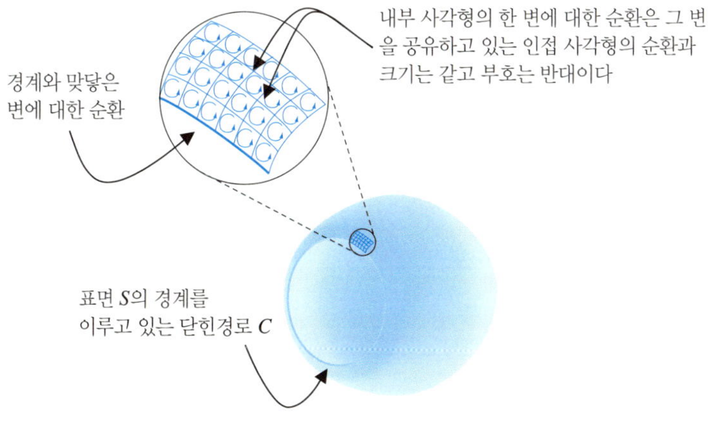

그림 5.2 닫힌경로 C로 둘러싸인 표면 S내부를 나누고 있는 작은 사각형 조각들

다음, 이들 사각형 둘레에 대한 순환을 살펴보자.

표면 S 내에서 안쪽에 위치한 사각형(S의 가장자리에 닿지 않은 사각형)의 경우, 이 사각형의 네 개의 변은 인접한 네 개의 사각형과 각각 한 변씩을 공유하고 있다. 인접한 두 사각형이 공유하고 있는 한 변의 경우, 한 사각형의 공유 변에 대한 순환은 그 공유 변에 대한 인접한 사각형의 순환과 크기는 같고 부호는 반대가 된다. 표면 S 의 경계(테두리)인 경로 C를 따라 놓여있는 사각형들을 제외한 모든 내부 사각형들은 다른 사각형들과 변을 공유하고 있으므로 최종적으로 경로 C를 따라 놓여있는 변들만이 경로 C에 대한 순환에 기여한다.

따라서 표면 S 전체를 구성하고 있는 모든 사각형들의 각 변에 대한 순환을 더하면 공유 변에 대한 두 순환은 상쇄되므로 표면의 경계인 경로 C에 대한 순환만 남게 된다. 이제 사각형의 크기를 무한히 작게 하면 회전의 정의에 따라 어떤 점에서 벡터의 회전은 그 점에서의 순환이다. 따라서 표면 S에 들어있는 사각형들의 순환을 모두 더하는 것은 표면 S 전체에 대해 회전을 적분하는 것과 같다.

$$\oint_C \vec{A} \circ d\vec{l} = \int_S (\vec{\nabla} \times \vec{A}) \circ \hat{n}\, da \tag{5.2}$$

이 관계가 바로 스토크스 정리이다. 발산정리가 면 적분과 발산 사이의 관계를 나타내고 있는 것처럼 스토크스 정리는 선 적분과 회전 사이의 관계를 알려주고 있다. 스토크스 정리에 따라 S에 대한 어떤 벡터 장의 회전의 수직성분의 적분은 C에 대한 그 벡터 장의 순환과 같다. 또한 발산정리가 가우스 법칙의 적분형을 미분형으로 바꾸는 데 사용되는 것처럼, 스토크스 정리는 패러데이 법칙과 암페어-맥스웰 법칙의 적분형을 미분형으로 바꾸는 데 사용할 수 있다.

닫힌경로 C주위에 대한 전기장의 순환과 그 경로 C를 경계로 하는 표면 S를 통과하는 자기 선다발의 시간 변화율 사이의 관계를 나타내는 다음 패러데이 법칙의 적분형을 미분형으로 바꿔보자.

$$\oint_C \vec{E} \circ d\vec{l} = -\frac{d}{dt}\int_S \vec{B} \circ \hat{n}\, da$$

좌변에 있는 전기장의 순환에 스토크스 정리를 적용해보자.

$$\oint_C \vec{E} \circ d\vec{l} = \int_S (\vec{\nabla} \times \vec{E}) \circ \hat{n}\, da$$

그러면 패러데이 법칙을 다음과 같이 쓸 수 있다.

$$\int_S (\vec{\nabla} \times \vec{E}) \circ \hat{n}\ da = -\frac{d}{dt}\int_S \vec{B} \circ \hat{n}\, da$$

표면 S 의 구조가 정적인(시간에 따라 구조가 변하지 않고 일정한) 경우, 시간 미분을 적분기호 안으로 집어넣을 수 있으므로

$$\int_S (\vec{\nabla} \times \vec{E}) \circ \hat{n}\, da = \int_S \left(-\frac{\partial \vec{B}}{\partial t} \circ \hat{n} \right) da$$

가 된다. 위 식에서 편미분은 자기장 $\vec{B}$가 시간은 물론 공간(위치)에 따라서도 변할 수 있음을 나타낸다. 위 적분 관계식이 어떤 표면 S에 대해서도 성립하기 위해서는 피적분 함수끼리 같아야 한다. 따라서

$$\vec{\nabla} \times \vec{E} = -\frac{\partial \vec{B}}{\partial t}$$

이 된다. 이 식은 패러데이 법칙의 미분형이다. 이 식은 어떤 한 점에서 전기장의 회전과 그 점에서 자기장의 시간 변화율 사이의 관계를 나타낸다.

스토크스 정리는 암페어-맥스웰 법칙의 적분형을 미분형으로 바꾸는 데도 사용될 수 있다. 앞에서 살펴본 것처럼 암페어-맥스웰 법칙의 적분형은 어떤 경로 C 주위에 대한 자기장의 순환이, 그 경로로 둘러싸인 전류와 그 경로 C가 경계인 표면 S를 통과하는 전기 선다발의 시간 변화율과 어떤 관계에 있는지 설명하는 수식으로 이를 다시 써보면 다음과 같다.

$$\oint_C \vec{B} \circ d\vec{l} = \mu_0 \left(I_{\text{내부}} + \varepsilon_0 \frac{d}{dt} \int_S \vec{E} \circ \hat{n}\ da \right)$$

이 식의 좌변에 있는 자기장의 순환에 스토크스 정리를 적용해보자.

$$\oint_C \vec{B} \circ d\vec{l} = \int_S (\vec{\nabla} \times \vec{B}) \circ \hat{n}\ da$$

그러면 암페어-맥스웰 법칙을 다음과 같이 쓸 수 있다.

$$\int_S (\vec{\nabla} \times \vec{B}) \circ \hat{n}\, da = \mu_0 \left(I_{\text{내부}} + \varepsilon_0 \frac{d}{dt} \int_S \vec{E} \circ \hat{n}\, da \right)$$

닫힌경로 C로 둘러싸인 표면 S를 통과하는 내부전류는 다음과 같이 표면 S에 대한 전류밀도의 수직성분의 적분으로 쓸 수 있다.

$$I_{\text{내부}} = \int_S \vec{J} \circ \hat{n}\, da$$

따라서 암페어-맥스웰 법칙은 다음과 표시된다.

$$\int_S (\vec{\nabla} \times \vec{B}) \circ \hat{n}\, da = \mu_0 \left(\int_S \vec{J} \circ \hat{n}\, da + \int_S \varepsilon_0 \frac{\partial \vec{E}}{\partial t} \circ \hat{n}\, da \right)$$

위 적분 관계식이 어떤 표면 S 에 대해서도 성립하기 위해서는 피적분 함수끼리 같아야 한다. 따라서

$$\vec{\nabla} \times \vec{B} = \mu_0 \left(\vec{J} + \varepsilon_0 \frac{\partial \vec{E}}{\partial t} \right)$$

이 된다. 이 식은 암페어-맥스웰 법칙의 미분형이다. 이 식은 어떤 한 점에서 자기장의 회전과, 그 점에서 전류밀도와 전기장의 시간 변화율 사이의 관계를 나타낸다.

$\vec{\nabla}()$ 기울기

맥스웰 방정식에서 파동 방정식이 유도되는 과정을 이해하기 위해서는 앞서 배운 벡터 미적분 연산인 '발산', '회전'에 이어서 세 번째로 '기울기'(gradient) 연산을 확실히 알고 있어야 한다. 발산, 회전과 마찬가지로 기울기도 좌표계를 구성하는 세 개의 직교 방향(축)에 대한 편미분을 취한다. 그러나 발산이 어떤 한 점에서 "벡터" 장이 흘러나가는 정도를 측정하고, 회전이 어떤 한 점 주위에서 "벡터" 장이 순환하는 정도를 측정하는 반면, 기울기는 벡터 장이 아닌 "스칼라" 장의 성향을 측정한다. 벡터 장과는 달리 스칼라 장은 공간상의 여러 위치에서 크기만으로 그 값이 표시된다. 스칼라 장의 예로, 해수면을 기준으로 한 지형의 높이(즉 해발고도)를 들 수 있다.

그렇다면 어떤 스칼라 장에 대해 기울기 연산을 수행하면 그 스칼라 장에 대해 무엇을 알 수 있을까? 두 가지 정보를 알 수 있다. 기울기의 크기는 스칼라 장의 공간(거리)에 대한 변화율의 최댓값을 나타낸다(즉 스칼라 장이 거리에 따라 얼마나 빠르게 변하는지 알려준다). 그리고 기울기의 방향은 스칼라 장의 공간에 대한 변화율이 최대가 되는 방향(스칼라 장의 크기가 거리에 따라 가장 빠르게 변화하는 방향)을 나타낸다.

따라서 기울기 연산은 스칼라 장에 대해 수행하지만 기울기 연산을 수행한 결과는 이처럼 크기와 방향을 함께 갖는 벡터이다. 그러므로 스칼라 장이 어떤 지형의 높이라고 가정할 때, 어떤 위치(점)에서 이 스칼라 장의 기울기의 크기는 그 위치에서 땅이 얼마나 가파르게 기울어져 있는지(즉 땅의 최대 기울기)를 나타낸다. 또 기울기의 방향은 그 위치에서 땅이 가장 가파르게 기울어진 방향(즉 땅의 기울기가 최대인 방향)을 나타낸다(단 내리막이 아닌 "오르막" 방향).

스칼라 장 ψ의 기울기는 다음 식으로 정의된다.

$$\psi\text{의 기울기} = \text{grad}(\psi) = \vec{\nabla}\psi \equiv \hat{i}\frac{\partial\psi}{\partial x} + \hat{j}\frac{\partial\psi}{\partial y} + \hat{k}\frac{\partial\psi}{\partial z} \qquad (\text{직각 좌표계}) \quad (5.3)$$

따라서 스칼라 장 ψ의 기울기의 x 성분은 x 방향으로의 스칼라 장의 기울기이고, y 성분은 y 방향으로의 스칼라 장의 기울기이며, z 성분은 z 방향으로의 스칼라 장의 기울기이다. 이 세 성분을 제곱한 다음 모두 더하고 마지막에 제곱근을 취하면 기울기를 계산하는 위치에서의 총 기울기를 구할 수 있다.

원통 좌표계와 구 좌표계에서 기울기의 정의 식은 각각 다음과 같다.

$$\vec{\nabla}\psi \equiv \hat{r}\frac{\partial\psi}{\partial r} + \hat{\phi}\,\frac{1}{r}\frac{\partial\psi}{\partial\phi} + \hat{z}\frac{\partial\psi}{\partial z} \qquad \text{(원통 좌표계)} \qquad (5.4)$$

$$\vec{\nabla}\psi \equiv \hat{r}\frac{\partial\psi}{\partial r} + \hat{\theta}\frac{1}{r}\frac{\partial\psi}{\partial\theta} + \hat{\phi}\,\frac{1}{r\sin\theta}\frac{\partial\psi}{\partial\phi} \qquad \text{(구 좌표계)} \qquad (5.5)$$

$\vec{\nabla}$, $\vec{\nabla}\circ$, $\vec{\nabla}\times$ 유용한 항등식

델($\vec{\nabla}$) 미분 연산자는 맥스웰 방정식에서 세 가지 방식으로 사용되고 있다. 지금부터 이들에 대해 간추려 정리해본다.

델(del):

$$\vec{\nabla} \equiv \hat{i}\frac{\partial}{\partial x} + \hat{j}\frac{\partial}{\partial y} + \hat{k}\frac{\partial}{\partial z}$$

델(나블라)은 미분 연산자로 스칼라 장 또는 벡터 장에 작용하여 연산을 수행한다. 연산 결과는 스칼라 또는 벡터가 된다.

기울기(gradient):

$$\vec{\nabla}\psi \equiv \hat{i}\frac{\partial \psi}{\partial x} + \hat{j}\frac{\partial \psi}{\partial y} + \hat{k}\frac{\partial \psi}{\partial z}$$

기울기 연산은 스칼라 장에 대해 수행되며 결과는 벡터로 나온다. 기울기의 크기는 어떤 한 점에서 스칼라 장의 최대 공간 변화율이고 기울기의 방향은 그 점에서 그 최대 공간 변화율이 생기는 방향이다.

발산(divergence):

$$\vec{\nabla} \circ \vec{A} \equiv \frac{\partial A_x}{\partial x} + \frac{\partial A_y}{\partial y} + \frac{\partial A_z}{\partial z}$$

발산 연산은 벡터 장에 대해 수행되며 결과는 스칼라로 나온다. 발산은 어떤 한 점에서 벡터 장이 흘러 나가는 성향을 나타낸다.

회전(curl):

$$\vec{\nabla} \times \vec{A} \equiv \left(\frac{\partial A_z}{\partial y} - \frac{\partial A_y}{\partial z}\right)\hat{i} + \left(\frac{\partial A_x}{\partial z} - \frac{\partial A_z}{\partial x}\right)\hat{j} + \left(\frac{\partial A_y}{\partial x} - \frac{\partial A_x}{\partial y}\right)\hat{k}$$

회전 연산은 벡터 장에 대해 수행되며 결과는 벡터로 나온다. 회전의 크기는 어떤 한 점 주위를 벡터 장이 순환하는 성향을 나타내고, 회전의 방향은 순환이 최대가 되는 축의 방향이다.

델 연산자와 이 연산자로 이루어진 세 종류의 미분 연산자를 각각 이해했으면 이제 이들 연산자로 이루어진 몇 가지 관계식(항등식)을 알아야 한다(단 지금부터 살펴보는 관계식이 적용되려면 장(field)은, 관심 대상 영역에서 연속이고 도함수(미분)도 연속이어야 한다).

임의의 스칼라 장의 기울기의 회전은 0이다.

$$\vec{\nabla} \times \vec{\nabla}\psi = 0 \tag{5.6}$$

각 연산자의 정의 식을 식(5.6)에 직접 대입해서 계산하여 실제 이렇게 되는지 확인해보기 바란다.

또 다른 유용한 관계식으로 임의의 스칼라 장의 기울기의 발산이 있는데, 이를 스칼라 장의 라플라시안(Laplacian)이라고 한다.

$$\vec{\nabla} \circ \vec{\nabla}\psi = \nabla^2\psi = \frac{\partial^2\psi}{\partial x^2} + \frac{\partial^2\psi}{\partial y^2} + \frac{\partial^2\psi}{\partial z^2} \qquad \text{(직각 좌표계)} \tag{5.7}$$

이 관계식을 맥스웰 방정식에 들어있는 전기장에 응용하여 새로운 수식을 유도해 보자. 앞에서 배운 내용을 떠올려보면 정전기장의 회전은 0(전기 장선은 + 전하에서 시작해서 − 전하에서 끝나므로 순환하여 자신에게 되돌아오지 않기 때문)이다. 식(5.6)을 참고로 하면, 정전기장 $\vec{E}$는 회전이 0인 비회전 장이므로 다음 식과 같이 어떤 스칼라 장 V의 기울기로 나타낼 수 있다.

$$\vec{E} = -\vec{\nabla}V \tag{5.8}$$

어기서 스칼라 장 V를 '스칼라 퍼텐셜'(scalar potential, 스칼라 전위)이라고 한다. 이 식에서 − 부호가 붙은 까닭은 다음과 같다. 어떤 스칼라 장의 기울기는 그 스칼라 장이 거리에 따라 최대로 "증가"하는 방향을 향하지만, 관습적으로 + 전하에 작용하는 힘의 방향(즉 전기장의 방향)을 "높은 퍼텐셜에서 낮은 퍼텐셜을 향하는 방향"으로 정해 사용해오고 있기 때문이다. 식(5.8)을 다음의 미분형 전기장용 가우스 법칙

$$\vec{\nabla} \cup \vec{E} - \frac{\rho}{\varepsilon_0}$$

에 대입한 다음 식(5.7)의 관계식을 적용하면

$$\nabla^2 V = -\frac{\rho}{\varepsilon_0} \tag{5.9}$$

가 된다. 이 식을 푸아송 방정식(Poisson's equation)이라고 한다. 정전기장을 구하는 문제에서 특수 가우스 표면을 만들 수 없는 경우에 가장 좋은 방법이 이 방정식을 사용하는 것이다. 이 방법을 설명하면, 먼저 푸아송 방정식을 풀어 스칼라 퍼텐셜 V을 구하고 이어서 V에 대해 기울기 연산을 수행하여 $\vec{E}$를 구한다.

$\nabla^2\vec{A} = \frac{1}{v^2}\frac{\partial^2\vec{A}}{\partial t^2}$ 파동 방정식

미분형 맥스웰 방정식과 몇 가지 벡터 항등식을 사용하여 어렵지 않게 파동 방정식을 유도할 수 있다. 먼저 미분형 패러데이 법칙의 양변에 회전을 취한다.

$$\vec{\nabla} \times (\vec{\nabla} \times \vec{E}) = \vec{\nabla} \times \left(-\frac{\partial \vec{B}}{\partial t}\right) = -\frac{\partial(\vec{\nabla} \times \vec{B})}{\partial t} \tag{5.10}$$

이 식의 마지막 항을 보면 회전 연산자와 시간 미분 연산자의 순서를 바꾼 것을 확인할 수 있다. 앞에서도 가정한 것처럼 자기장은 이러한 관계가 성립할 수 있는 충분히 "매끄러운" 함수이다.

유용한 벡터 항등식으로, 어떤 벡터 장의 회전의 회전은 그 장의 발산의 기울기에서 그 장의 라플라시안을 뺀 것과 같다는 것이 있다.

$$\vec{\nabla} \times (\vec{\nabla} \times \vec{A}) = \vec{\nabla}(\vec{\nabla} \circ \vec{A}) - \nabla^2\vec{A} \tag{5.11}$$

라플라시안 연산자를 벡터 장에 적용해보자. 벡터 장 $\vec{A}$의 라플라시안은 다음과 같이 쓸 수 있다.

$$\nabla^2\vec{A} = \nabla^2 A_x\hat{i} + \nabla^2 A_y\hat{j} + \nabla^2 A_z\hat{k} \qquad \text{(직각 좌표계)} \tag{5.12}$$

따라서

$$\vec{\nabla} \times (\vec{\nabla} \times \vec{E}) = \vec{\nabla}(\vec{\nabla} \circ \vec{E}) - \nabla^2\vec{E} = -\frac{\partial(\vec{\nabla} \times \vec{B})}{\partial t} \tag{5.13}$$

로 쓸 수 있다. 그런데 암페어-맥스웰 법칙으로부터 자기장의 회전이 다음 식으로 표시됨을 알고 있으므로

$$\vec{\nabla} \times \vec{B} = \mu_0\left(\vec{J} + \varepsilon_0\frac{\partial \vec{E}}{\partial t}\right)$$

이 식을 식(5.13)에 대입하면

$$\vec{\nabla} \times (\vec{\nabla} \times \vec{E}) = \vec{\nabla}(\vec{\nabla} \circ \vec{E}) - \nabla^2\vec{E} = -\frac{\partial\left[\mu_0\left(\vec{J} + \varepsilon_0(\partial\vec{E}/\partial t)\right)\right]}{\partial t}$$

이 된다. 이 식은 복잡하고 어려워 보이지만 다음 전기장용 가우스 법칙을 사용하면 좀 더 간단하게 만들 수 있다.

$$\vec{\nabla} \circ \vec{E} = \frac{\rho}{\varepsilon_0}$$

를 대입하면 다음 식을 얻을 수 있다.

$$\vec{\nabla} \times (\vec{\nabla} \times \vec{E}) = \vec{\nabla}\left(\frac{\rho}{\varepsilon_0}\right) - \nabla^2 \vec{E} = -\frac{\partial\left[\mu_0(\vec{J} + \varepsilon_0(\partial \vec{E}/\partial t))\right]}{\partial t}$$

$$= -\mu_0 \frac{\partial \vec{J}}{\partial t} - \mu_0 \varepsilon_0 \frac{\partial^2 \vec{E}}{\partial t^2}$$

이 방정식을 정리하여 좌변에 전기장이 들어있는 항이 위치하도록 하면

$$\nabla^2 \vec{E} - \mu_0 \varepsilon_0 \frac{\partial^2 \vec{E}}{\partial t^2} = \vec{\nabla}\left(\frac{\rho}{\varepsilon_0}\right) + \mu_0 \frac{\partial \vec{J}}{\partial t}$$

을 얻을 수 있다. 전하 ρ와 전류 $\vec{J}$가 모두 없는 영역에서는 $\rho = 0$, $\vec{J} = 0$ 이므로

$$\nabla^2 \vec{E} = \mu_0 \varepsilon_0 \frac{\partial^2 \vec{E}}{\partial t^2} \tag{5.14}$$

이 된다. 이 선형 2계 제차 편미분 방정식(linear, second order, homogeneous partial differential equation)은 한 위치에서 다른 위치로 이동하는 전기장, 다시 말해 "공간을 전파하는 파동(wave)"을 나타내는 것으로 '파동 방정식'(wave equation)이라고 한다. 이 파동 방정식의 특성을 설명하는 각 용어의 의미는 다음과 같다.

선형(linear): 파동 함수(여기서는 $\vec{E}$)의 시간 도함수(미분)와 공간 도함수가 1차이고(즉 제곱이나 그 이상이 아니고) 서로의 곱으로 표시되는 항이 없는 미분 방정식

2계(second order): 미분 방정식에 들어있는 도함수의 가장 높은 차수가 2(즉 두 번 미분)

제차(homogeneous): 파동 함수나 파동 함수의 도함수로 된 항만 들어있고 원천 항(source term)(다른 말로 강제 항(forcing term)이라고도 함)은 없는 미분 방정식

편(partial): 파동 함수가 여러 개의 변수(여기서는 시간, 공간)로 이루어진 다변수 함수

암페어-맥스웰 법칙의 양변에 회전을 취한 다음, 같은 유도 과정을 밟으면 자기장에 대해서도

$$\nabla^2\vec{B} = \mu_0\varepsilon_0\frac{\partial^2\vec{B}}{\partial t^2} \tag{5.15}$$

와 같이 전기장용 파동 방정식과 똑같은 형태의 자기장용 파동 방정식을 얻을 수 있다.

이러한 형태의 파동 방정식은 파동이 존재함을 알려주는 동시에 파동의 전파 속력도 알려준다. 파동의 전파 속력에 대한 정보는 바로 파동 함수의 시간 도함수 항 앞에 곱해진 상수에 들어있다. 파동 방정식의 일반형은

$$\nabla^2\vec{A} = \frac{1}{v^2}\frac{\partial^2\vec{A}}{\partial t^2} \tag{5.16}$$

으로 표시된다. 여기서 v는 파동의 전파 속력이다. 이 식과 식(5.14) 또는 식(5.15)를 비교해보면

$$\frac{1}{v^2} = \mu_0\varepsilon_0$$

이므로 파동의 전파 속력은 다음과 같다.

$$v = \sqrt{\frac{1}{\mu_0\varepsilon_0}} \tag{5.17}$$

식(5.17)에 자유공간의 투자율과 유전율 값을 대입하면

$$v = \sqrt{\frac{1}{[4\pi\times 10^{-7}\text{m kg/C}^2][8.8541878\times 10^{-12}\ \text{C}^2\ \text{s}^2/\text{kg m}^3]}}$$

$$v = \sqrt{8.987552\times 10^{16}\ \text{m}^2/\text{s}^2} = 2.9979\times 10^8\ \text{m/s}$$

가 된다. 맥스웰은 자신이 유도한 파동 방정식으로 계산한 파동의 속력이 그 당시 알려진 빛의 속력의 측정값과 일치한다는 사실을 확인하고 다음과 같은 기록을 남겼다. “빛은 전자기 법칙에 따라 장을 통해 전파하는 일종의 전자기적 교란이다.(Light is an electromagnetic disturbance propagated through the field according to electromagnetic laws.)”

부록

A STUDENT'S GUIDE TO MAXWELL'S EQUATIONS

물질 속 맥스웰방정식

1장에서 4장까지 나오는 맥스웰 방정식은 자유공간은 물론 물질 속에 존재하는 전기장과 자기장에 적용된다. 그런데 물질 내부에 존재하는 전기장과 자기장을 다룰 때는 다음 사항을 꼭 알아두어야 한다.

- 전기장용 가우스 법칙의 적분형 수식에 들어있는 "내부 전하"에는 (그리고 미분형에 수식에 들어있는 부피 전하밀도에는) 자유전하는 물론 속박전하까지 모든 종류의 전하가 포함돼야 한다.
- 암페어-맥스웰 법칙의 적분형 수식에 들어있는 "내부 전류"에는 (그리고 미분형에 수식에 들어있는 부피 전류밀도에는) 자유전류는 물론 속박전류와 편극전류까지 모든 종류의 전류가 포함돼야 한다.

물질 속의 속박전하(bound charge)는 구하기가 어려우므로 부록에서는 모든 종류의 전하를 포함하는 대신 자유전하만 고려해도 되는 전기장용 가우스 법칙의 미분형과 적분형을 살펴본다. 마찬가지로 모든 종류의 전류를 포함하는 대신 자유전류만 고려해도 되는 암페어-맥스웰 법칙의 미분형과 적분형을 살펴본다.

자기장용 가우스 법칙과 패러데이 법칙의 수식에는 전하 또는 전류가 들어있지 않으므로 전기장의 경우와는 달리 물질 속 전자기적 특성을 해석하는 데 편리한 형태를 유도할 필요가 없다.

전기장용 가우스 법칙: 외부에서 전기장이 유전체에 인가되면 유전체 내부에서는 이 전기장의 영향으로 겹쳐 있던 + 전하와 − 전하가 원래 위치에서 약간 벗어나면서 분리된다. 이렇게 양전하 Q와 같은 양의 음전하 $-Q$가 거리 s만큼 떨어지면 다음 식으로 주어지는 전기적 "다이폴 모멘트"(dipole moment)가 발생한다.

$$\vec{p} = Q\vec{s} \tag{A.1}$$

여기서 $\vec{s}$는 − 전하에서 + 전하로 향하는 벡터로 그 크기는 두 전하 사이의 거리와 같다. 단위부피당 N개의 분자가 들어있는 유전체의 경우 단위부피당 다이폴 모멘트는 다음과 같다.

$$\vec{P} = N\vec{p} \tag{A.2}$$

물질의 단위부피당 다이폴 모멘트를 물질의 "전기 편극"(electric polarization)이라고도 한다. 편극이 균일하게 발생하면 속박전하는 물질의 표면에만 나타난다(물질 내부에서는 + 전하의 양과 − 전하의 양이 같아서 서로 상쇄되기 때문이다). 그러나 편극이 유전체 내부의 위치마다 다르면(즉 불균일하게 발생하면) 물질 내부에도 속박전하가 존재하여 분포할 수 있다. 이 경우 물질의 부피 전하밀도는 다음과 같다.

$$\rho_{속박} = -\vec{\nabla} \circ \vec{P} \tag{A.3}$$

여기서 $\rho_{속박}$는 속박전하에 대한 부피 전하밀도이다(전기장에 의해 위치가 변하여 발생한 전하는 물질을 통해 자유롭게 움직이지 못하기 때문에 전하 앞에 '속박'이라는 이름이 붙었다).

이제 이 속박전하의 부피밀도 $\rho_{속박}$와 전기장용 가우스 법칙이 어떻게 관련이 되는지 알아보자. 앞에서 배운 내용을 떠올려보면 전기장용 가우스 법칙의 미분형에서 전기장의 발산은 다음과 같다.

$$\vec{\nabla} \circ \vec{E} = \frac{\rho}{\varepsilon_0}$$

여기서 ρ는 총 전하밀도이다. 물질 내부에 들어있는 총 전하밀도는 자유전하밀도와 속박전하밀도의 합이다.

$$\rho = \rho_{자유} + \rho_{속박} \tag{A.4}$$

여기서 ρ는 총 전하밀도, $\rho_{자유}$는 자유전하밀도, $\rho_{속박}$는 속박전하밀도이다. 따라서 가우스 법칙은 다음과 같이 쓸 수 있다.

$$\vec{\nabla} \circ \vec{E} = \frac{\rho}{\varepsilon_0} = \frac{\rho_{자유} + \rho_{속박}}{\varepsilon_0} \tag{A.5}$$

식(A.5)의 양변에 자유공간의 유전율을 곱한 다음 식(A.3)을 대입하면

$$\vec{\nabla} \circ \varepsilon_0\vec{E} = \rho_{자유} + \rho_{속박} = \rho_{자유} - \vec{\nabla} \circ \vec{P} \tag{A.6}$$

이 되고 이를 정리하면

$$\vec{\nabla} \circ \varepsilon_0\vec{E} + \vec{\nabla} \circ \vec{P} = \rho_{자유} \tag{A.7}$$

이 된다. 발산 연산자에 대해 정리하면

$$\vec{\nabla} \circ (\varepsilon_0\vec{E} + \vec{P}) = \rho_{자유} \tag{A.8}$$

식(A.8)에서 괄호 안에 들어있는 항을 다음과 같이 정의하고 "변위" 벡터(displacement vector)라고 부른다.

$$\vec{D} = \varepsilon_0 \vec{E} + \vec{P} \tag{A.9}$$

이 식을 식(A.8)에 대입하면

$$\vec{\nabla} \circ \vec{D} = \rho_{\text{자유}} \tag{A.10}$$

가 된다. 이 식이 자유전하만 고려해도 되는 형태로 변환한 가우스 법칙의 미분형이다.

발산정리를 적용하면 다음과 같이 변위벡터의 선다발과 내부 자유전하를 사용하여 전기장용 가우스 법칙의 적분형을 구할 수 있다.

$$\oint_S \vec{D} \circ \hat{n}\, da = q_{\text{자유, 내부}} \tag{A.11}$$

변위 벡터 $\vec{D}$의 물리적 의미에 대해 알아보자. 자유공간에서 $\vec{D}$는 전기장 $\vec{E}$에 비례하는 벡터로 방향은 $\vec{E}$의 방향과 같고 크기는 $\vec{E}$의 크기에 자유공간의 유전율 ε_0를 곱한 값과 같다. 그러나 편극이 되는 물질(유전체)에서 $\vec{D}$는 $\vec{E}$와 크게 차이가 날 수 있다. 예를 들어 $\vec{E}$의 회전이 0이라고 해서 변위벡터 $\vec{D}$도 무조건 회전이 0인 비회전 장이 되는 것은 아니다. 만일 편극 $\vec{P}$ 의 회전이 0이 아니라면 $\vec{D}$도 회전을 갖는다. 식(A.9)의 양변에 회전을 취해보면 이 내용을 확인할 수 있다.

$\vec{E}$ 대신 $\vec{D}$를 사용하는 것이 유용한 상황은, 자유전하가 주어지고(알려져 있고) 구조가 대칭성을 가지고 있어서 식(A.11)의 적분 바깥으로 $\vec{D}$를 빼낼 수 있는 경우이다. 이 경우에는 선형 유전체 내부의 전기장 $\vec{E}$를 다음과 같은 과정으로 구할 수 있다. 먼저 주어진 자유전하로부터 $\vec{D}$를 구하고 이어서 $\vec{D}$를 유전체의 유전율 ε으로 나누어 $\vec{E}$를 구한다.

암페어-맥스웰 법칙: 유전체 외부에 인가된 전기장이 유전체 내부에 편극(polarization, 단위부피당 전기 다이폴 모멘트)을 유도하듯이 자성체 외부에 인가된 자기장은 자성체 내부에 "자화"(magnetization, 단위부피당 자기 다이폴 모멘트)를 유도한다. 물질(유전체) 내부에서 속박전하가 전기장을 발생시키는 원천의 역할을 하는 것과 마찬가지로 물질(자성체) 내부에서 속박전류는 자기장을 발생시키는 원천의 역할을 한다. 자성체 내부에서 속박전류밀도는 자화의 회전으로 주어진다.

$$\vec{J}_{\text{속박}} = \vec{\nabla} \times \vec{M} \tag{A.12}$$

여기서 $\vec{J}_{\text{속박}}$ 는 속박전류밀도이고 $\vec{M}$은 물질의 자화이다. 물질 내부에서 전류밀도에 기여하는 또 다른 요소로 편극의 시간변화율이 있는데, 그 까닭은 물질 내부에서 어떤 형태로든 전하가 움직이면 전류가 되기 때문이다. 편극전류밀도는 다음 식으로 주어진다.

$$\vec{J}_{\text{편극}} = \frac{\partial \vec{P}}{\partial t} \tag{A.13}$$

따라서 총 전류밀도에는 자유전류밀도는 물론이고 속박전류밀도와 편극전류밀도도 포함된다.

$$\vec{J} = \vec{J}_{\text{자유}} + \vec{J}_{\text{속박}} + \vec{J}_{\text{편극}} \tag{A.14}$$

따라서 암페어-맥스웰 법칙의 미분형은 다음과 같이 쓸 수 있다.

$$\vec{\nabla} \times \vec{B} = \mu_0 \left(\vec{J}_{\text{자유}} + \vec{J}_{\text{속박}} + \vec{J}_{\text{편극}} + \varepsilon_0 \frac{\partial \vec{E}}{\partial t} \right) \tag{A.15}$$

이 식의 양변을 자유공간의 투자율 μ_0로 나누고 식(A.12)와 식(A.13)을 대입하여 정리하면

$$\frac{1}{\mu_0} \vec{\nabla} \times \vec{B} = \vec{J}_{\text{자유}} + \vec{\nabla} \times \vec{M} + \frac{\partial \vec{P}}{\partial t} + \varepsilon_0 \frac{\partial \vec{E}}{\partial t} \tag{A.16}$$

좌변에는 회전 연산을, 우변에는 나머지 항을 모아 정리하면

$$\vec{\nabla} \times \frac{\vec{B}}{\mu_0} - \vec{\nabla} \times \vec{M} = \vec{J}_{\text{자유}} + \frac{\partial \vec{P}}{\partial t} + \frac{\partial (\varepsilon_0 \vec{E})}{\partial t} \tag{A.17}$$

좌변은 회전 연산자 내부로 항을 집어넣고, 우변은 미분 연산자 내부로 항을 집어넣어 정리하면

$$\vec{\nabla} \times \left(\frac{\vec{B}}{\mu_0} - \vec{M} \right) = \vec{J}_{\text{자유}} + \frac{\partial (\varepsilon_0 \vec{E} + \vec{P})}{\partial t} \tag{A.18}$$

이 된다. 식(A.18)에서 좌변의 괄호 안에 들어있는 항을 다음과 같이 정의하고 "자기장 세기"(magnetic field intensity) 또는 "자기장 강도"(magnetic field strength)라고 부른다.

$$\vec{H} = \frac{\vec{B}}{\mu_0} - \vec{M} \tag{A.19}$$

따라서 $\vec{H}$, $\vec{D}$, 자유전류밀도를 사용하여 암페어-맥스웰 법칙의 미분형을 나타내면 다음과 같다.

$$\vec{\nabla} \times \vec{H} = \vec{J}_{\text{자유}} + \frac{\partial \vec{D}}{\partial t} \tag{A.20}$$

스토크스 정리를 사용하면 다음과 같이 암페어-맥스웰 법칙을 구할 수 있다.

$$\oint_C \vec{H} \circ d\vec{l} = I_{\text{자유, 내부}} + \frac{d}{dt} \int_S \vec{D} \circ \hat{n}\, da \tag{A.21}$$

자기장 세기 $\vec{H}$의 물리적 의미에 대해 알아보자. 자유공간에서 $\vec{H}$는 자기장 $\vec{B}$에 비례하는 벡터로 방향은 $\vec{B}$의 방향과 같고 크기는 $\vec{B}$의 크기에 자유공간의 투자율 μ_0 을 나눈 값과 같다. 그러나 유전체 내부에서 $\vec{D}$와 $\vec{B}$와 차이가 나는 것처럼 자성체 내부에서 $\vec{H}$와 $\vec{B}$는 크게 차이가 날 수 있다. 예를 들어 $\vec{B}$가 발산이 0이라고 해서 자기장 세기 $\vec{H}$도 무조건 발산이 0인 인 솔레노이드 장이 되는 것은 아니다. 만일 자화 $\vec{M}$의 발산이 0이 아니라면 $\vec{H}$도 발산을 갖는다. 식(A.19)의 양변에 발산을 취해보면 이 내용을 확인할 수 있다.

$\vec{B}$ 대신 $\vec{H}$를 사용하는 것이 유용한 상황은, 자유전류가 주어지고(알려져 있고) 구조가 대칭성을 가지고 있어서 식(A.21)의 적분 바깥으로 $\vec{H}$를 빼낼 수 있는 경우이다. 이 경우에는 선형 자성체 내부의 자기장 $\vec{B}$를 다음과 같은 과정으로 구할 수 있다. 먼저 주어진 자유전류로부터 $\vec{H}$를 구하고 이어서 $\vec{H}$에 자성체의 투자율 μ를 곱해서 자기장 $\vec{B}$를 구한다.

다음쪽에 물질 속에서 적용되는 맥스웰 방정식의 적분형과 미분형을 간추려 정리했다.

전기장용 가우스 법칙

$$\oint_S \vec{D} \circ \hat{n}\ da = q_{\text{자유, 내부}} \qquad \text{(적분형)}$$

$$\vec{\nabla} \circ \vec{D} = \rho_{\text{자유}} \qquad \text{(미분형)}$$

자기장용 가우스 법칙

$$\oint_S \vec{B} \circ \hat{n}\ da = 0 \qquad \text{(적분형)}$$

$$\vec{\nabla} \circ \vec{B} = 0 \qquad \text{(미분형)}$$

패러데이 법칙

$$\oint_C \vec{E} \circ d\vec{l} = -\frac{d}{dt}\int_S \vec{B} \circ \hat{n}\ da \qquad \text{(적분형)}$$

$$\vec{\nabla} \times \vec{E} = -\frac{\partial \vec{B}}{\partial t} \qquad \text{(미분형)}$$

암페어-맥스웰 법칙

$$\oint_C \vec{H} \circ d\vec{l} = I_{\text{자유, 내부}} + \frac{d}{dt}\int_S \vec{D} \circ \hat{n}\ da \qquad \text{(적분형)}$$

$$\vec{\nabla} \times \vec{H} = \vec{J}_{\text{자유}} + \frac{\partial \vec{D}}{\partial t} \qquad \text{(미분형)}$$

추천 도서 목록

전기와 자기에 대해 더욱 많은 내용을 자세히 알고 싶은 경우에 참고할 수 있는 책이 많이 있다. 그 가운데 여러분에게 도움이 될 만한 책 몇 권을 소개한다.

Cottingham W. N. and Greenwood D. A., *Electricity and Magnetism.* Cambridge University Press, 1991; 전자기학에서 다루는 광범위한 주제들을 간략하게 설명한 책.

Griffiths, D. J., *Introduction to Electrodynamics.* Prentice-Hall, New Jersey, 1989; 학부생에게 적합한 훌륭한 전자기학 책으로 난이도는 중급 수준이며 딱딱하지 않은 형식으로 전자기학에서 다루는 다양한 개념들을 명확하게 설명한 것이 특징.

Jackson, J. D., *Classical Electrodynamics.* Wiley & Sons, New York, 1998; 대학원 교재로 적합한 책으로 읽기 전에 확실한 준비가 필요함.

Lorrain, P., Corson, D., and Lorrain, F., *Electromagnetic Fields and Waves.* Freeman, New York, 1988; 난이도 중급 수준의 또 한 권의 훌륭한 전자기학 책으로 내용 이해에 도움을 주는 유익한 그림과 더불어 자세한 설명이 돋보임.

Purcell, E. M., *Electricity and Magnetism Berkeley Physics Course, Vol. 2.* McGraw-Hill, New York, 1965; 전자기학 입문서로 가장 뛰어난 책으로 볼 수 있음. 세심하게 그려진 그림으로 관련 내용을 멋들어지게 설명하고 있음.

Wangsness, R. K., *Electromagnetic Fields.* Wiley, New York, 1986; 난이도 중급 수준의 또 한 권의 훌륭한 전자기학 책으로 잭슨(Jackson) 책을 공부하기 전에 읽어두면 특히 유용함.

Schey, H. M., *Div, Grad, Curl, and All That.* Norton, New York, 1997; 벡터 연산, 벡터 미적분을 이해하기 쉽게 설명한 입문서로 정전기학과 관련된 많은 예제들을 다루고 있음.

찾아보기

한글 찾아보기

ㅈ

ㅋ

ㅌ

ㅍ

ㅎ

로마자 찾아보기

G

H

I

J

K

L

M

N